西游小创客

基于SCRATCH3.0的趣味编程故事20例

刘金鹏　主编

浙江摄影出版社
全国百佳图书出版单位

主　编：刘金鹏

副主编：邓昌顺　汪运萍　顾黄凯　叶春霞

编写人员（以姓氏笔画为序）：

王鑫鑫　孔丽娟　邓昌顺　叶春霞　厉　群　卢素云

刘　兵　阳　萍　刘永静　刘丽娟　朱济宇　刘金鹏

刘家勇　况　君　张　丽　宋　圆　余江林　汪运萍

李瑞婷　柏肇勇　徐　艳　高文光　唐兴奎　钱信林

顾黄凯　商　灿　黄　岭　梁昕昕　彭　程　韩　雷

鲁永军　韩汝彬　傅悦斐　赖丽梅　蔡文娟

51 maker 创客课程开发团队成员介绍

51 maker 创客课程开发团队成员来自五湖四海，他们致力于Scratch 编程及创客入门课程开发，为一线教师提供微视频、课件、教学设计等相关资源，为普及编程和创客教育尽一份力量。

刘金鹏

Scratch 入门课程开发团队负责人。多年来从事中小学创客教育普及推广工作，辅导多名学生获得全国性校园创客大赛一等奖，出版“边玩边学Scratch”系列教材、《来吧，一起创客》等创客教育专著，多篇文章发表于《中小学信息技术教育》等报纸杂志。

邓昌顺

北大新世纪温州附属学校信息技术教师，创客教育普惠行动课程合伙人，Scratch 信息学联赛学术委员会委员，多届全国青少年创意编程大赛评委。开发有“Scratch 趣味编程”校本课程、创客教育普惠课程“Scratch 数字故事篇”等。

余江林

四川省成都市海龟创客技术负责人。毕业于电子科技大学，电气专业中级工程师。创客教育普惠行动课程合伙人，51maker 团队成员，“蓝桥杯”全国青少年创意编程比赛 Scratch 专家组成员，师资培训讲师。

刘丽娟

山东省荣成市寻山街道中心完小信息技术教师。多年来一直从事小学信息技术教学工作，热衷于创客教育，辅导学生多次获得省电脑制作大赛及创客大赛奖项，对 Scratch 课程构建与实施有一定的实践经验。

宋圆

湖北省广水市第二实验小学信息中心主任，湖北省机器人选拔赛裁判员，积极探索交互白板、创客教育、STEM 在教学中的应用。曾获湖北省信息技术说课一等奖，“长江杯”微课大赛一等奖，在国家级刊物上发表论文。

叶春霞

青海省西宁市城北区花园小学信息技术教师。在学校成立“花韵智慧星”小创客联盟，助力学校成为全国青少年人工智能特色单位。从教学新秀，到优秀乡村教师、学科带头人，一路走来，风雨兼程，但坚持做一名了不起的信息技术教师。

阳萍

四川省成都市青羊实验中学附属小学信息技术教师。常年从事小学信息技术教学，曾获成都市信息技术赛课一等奖。近年来致力于 Scratch 创客教学和研究，并参与“成都市中小学创新课程的研究与开发”课题研究，在校内组织 Scratch 创客空间社团活动，辅导学生多次参与省区市及全国创意编程并获奖。

徐艳

安徽省合肥市第四十八中学滨湖校区教师。针对计算机编程零起点的三年级学生，组织开展 Scratch 编程社团，承担合肥市包河区少儿编程试点的授课教学任务。

汪运萍

安徽省宁国市实验小学信息技术专职教师。2016 年开始接触 Scratch 编程教学，现担任学校趣味编程社团辅导教师，热衷于少儿编程教学。

卢素云

天津市滨海新区汉沽中心小学信息技术教师。在校内开设趣味编程社团活动，辅导多名学生参加 2018 年“第四届天津市青少年科技创意设计竞赛”，获低年级组一、二等奖。

刘永静

山东省威海市码头小学信息技术教师，多年来一直从事信息技术教学工作。近年来在学校开展 Scratch 编程教学及 3D 打印教学，多次辅导学生参加省市组织的中小学电脑制作大赛，获得一、二等奖。

韩汝彬

辽宁省沈阳市辽沈街第二小学教师，全国“十佳科技教育创新学校”德育主任，优秀机器人教练员，全国科学影像节优秀辅导教师，省市级十佳优秀科技辅导员，沈阳市优秀科技工作者，沈阳市青少年机器人竞赛总裁判长。

傅悦斐

中学信息技术教师，东莞意童少儿编程课程体系设计者，有大型电子商务网站开发经验，学员作品（创意编程和 3D）多次获得东莞市教育部门的奖项，擅长 Scratch、C++、Python 等程序语言和创意 3D 设计。

刘兵

徽派创客工作室创建人和负责人，以“既有高度又有温度”的理念致力于青少年科技活动教育。曾辅导学生参加全国青少年科技创新大赛，获得全国十佳科技实践活动奖项，也曾多次获得各类科技活动全国奖项。

顾黄凯

江苏省启东市海复小学信息技术教师，南通市小学信息技术学科专家组成员。2015 年起开设 Scratch 课程与机器人社团活动，从事小学创客教育普惠工作，辅导多名学生获得南通市教育机器人、物联网比赛一等奖。

厉群

浙江省慈溪市掌起镇中心小学信息技术教师。2013 年起担任信息技术教学工作，曾获慈溪市小学信息技术基本功一等奖、教坛新秀二等奖等。作为年轻教师，努力把 Scratch 变成学生发挥创意的舞台，深受学生喜爱。

梁昕昕

浙江省嘉兴市磻溪教育集团信息技术专职教师。从 2014 年开始接触 Scratch，一直在学校开设 Scratch 趣味编程拓展课程，主要开展小学生喜爱的游戏程序设计教学活动。

张丽

辽宁省朝阳市双塔区燕都小学信息技术教师，现担任三至六年级信息技术教学工作。从 2016 年开始接触 Scratch 编程，并对 Scratch 编程产生兴趣。在学校信息社团中开设了 Scratch 编程课，与孩子们一起去探究。

朱济宇

江苏省南京市浦口实验学校信息技术教师。现担任学校 Scratch 兴趣小组指导教师，辅导学生获市级比赛奖项。

赖丽梅

广东省中山市板芙镇深湾小学专职信息技术教师。自 2016 年开始接触 Scratch 教学，致力于研究适合小学生的 Scratch 教学模式。

钱信林

上海对外经贸大学附属松江实验学校信息科技教师。有近 10 年机器人与编程教学经验，曾独立主持上海市虚拟机器人创新实验室。多次辅导学生参加国家级、市级机器人及编程类等比赛，累计获奖逾百项。

高文光

内蒙古自治区鄂尔多斯市东胜区东青小学信息技术教师。辅导多名学生获得国家级、省级、市级编程类奖项若干，多次担任 Scratch 大赛的评委，在青少年编程领域有较为丰富的经验。

彭程

湖南省衡阳市雁栖湖成龙成章学校电脑编程教师、学校编程俱乐部教师。曾多次组织学生参与信息技术学科竞赛，2015 年获得国际青少年机器人奥林匹克（WRO）华南赛区二等奖，2016 年获得湖南省中小学机器人竞赛小学组一等奖，被评为“优秀指导老师”。2018 年起指导学生参加编程比赛，多人次获奖。

柏肇勇

山东省淄博市高新区第五小学信息技术教师。负责学校电教和信息技术教学等工作，于 2015 年开展 Scratch 趣味编程社团，2018 年参加 NOC 微课程制作，并获得二等奖。

商灿

重庆市九龙坡区西彭园区实验小学信息技术教师。曾多次辅导学生参加中小学电脑制作活动比赛、NOC 大赛并获奖。自 2016 年接触 Scratch，目前主要负责三至六年级编程教学及学校“趣味编程”社团工作，曾多次指导学生参加市区级创意编程大赛并获奖。

孔丽娟

山东省荣成市幸福街小学科技教师。从 2017 年开始学习编程，曾参与开发小学信息技术泰山版教材及树莓派系列微课。希望借助团队的力量，促使自己能有更大的进步，并为 Scratch 编程教学尽自己的绵薄之力。

黄岭

四川省成都市青白江区大弯小学信息技术教师。从 2015 开始从事 Scratch 编程教学，2017 年开始从事基于 Arduino 的创客教学，2019 年辅导学生参加四川省中小学生创客竞赛，荣获小学组一等奖。

况君

重庆邮电大学移通学院专任教师，精通多门编程语言。前日本电报电话公司高级软件工程师。多次指导学生获得全国大学生电子设计大赛、重庆市大学生单片机应用设计竞赛、软件应用大赛一、二、三等奖。

刘家勇

成都市龙泉驿区跃进小学校信息技术教师，中国电子学会现代教育分会会员，青少年电子创客指导教师，中小学人工智能创客指导教师，成都市创意编程与智能设计大赛优秀辅导教师 。2019 年指导学生参加成都市第四届创意编程与智能设计大赛荣获 Arduino 项目团体一等奖、人工智能项目团体一等奖。

王鑫鑫

湖南省长沙市岳麓区博才白鹤小学信息技术老师。多年来一直从事信息技术教学，2019 年入选岳麓区信息技术卓越教师。个人参加省、市、区各级教育教学相关比赛并多次获奖，辅导学生参加省、市、区各级电脑制作和趣味编程比赛并多次获奖。

唐兴奎

河南省桐柏县第一高级中学信息技术教师、全国青少年创意编程大赛评委、全国中小学信息技术创新与实践大赛执行评委、南阳市青少年机器人竞赛优秀辅导教师。培训的学员获得国家级、省级、市级编程比赛多项证书。

蔡文娟

青海省西宁市城北区小桥大街小学信息技术教师。近年来一直从事小学信息技术教学，热衷于编程教学。2020 年被评为青海省西宁市城北区“教学能手”荣誉称号。

韩雷

辽宁省盘锦市润贝机器人科技有限公司创始人，电子工程师，机器人教师，拥有多项实用新型专利。教授 Scratch、Arduino、乐高 Ev3 等课程，曾辅导学生多次参加全国机器人比赛项目并获得奖项。

当教师成为一个个人品牌

这个世界好像特别流行做自己，人们常常被各种电影、杂志和励志鸡汤鼓励着做自己，这就能够解释为什么在电影院里听到“我命由我不由天”的时候,那么多“60 后”“70 后”“80 后”“90 后”“00 后”和“10 后”都能够感受到相似却又五味杂陈的感觉。人是社会中的动物，每个人都有着自己的特点，或者说别人眼中的印象。当这种印象跟消费行为联系起来时，一个人就变成了一个品牌。

人们说《西游记》是中国动画领域当中最大的 IP，从《大闹天宫》到《大圣归来》，我们将历史和现实通过当下的故事连通起来，不断地给《西游记》更多的含义。刘金鹏老师团队的“西游小创客”便是在少儿编程领域对经典的一种传承。本书分为“悟空出世”“偷吃蟠桃”“大闹天宫”“真假美猴王”等二十个妙趣横生的学习案例，讲解细致、生动，很适合初学者学习。就像刘金鹏老师之前出版的“边玩边学”系列教材一样，小开本的设计、全彩的印刷和适合学校成班购买的定价一定是这本书的“标配”。但翻开本书，最让我钦佩的还是刘金鹏老师组织的由大量一线教师形成的一个书籍的宣传、维护和培训的团队。三十余位教师来自全国各地，从写一本书来看，好像不需要这么多教师，但是从建设一个少儿编程课程品牌而言，则刚刚好。

教师圈子对之前的“边玩边学”系列教材已经形成一种共识——教材好用，学生感兴趣，教师节省精力。这种共识就是一个品牌的设定，也是很多人没怎么看内容，单纯看刘金鹏老师的名字就购买该系列教材的重要原因之一。而教师本应该成为一个品牌——一个与学生和其他教师共同成长的品牌。刘金鹏老师的“边玩边学”已经成功了,我希望“西游小创客”也能成功，成为一个新的标杆。

商品经济时代，好多东西都快餐化了。“超级符号”的出现就是希望让人能够一下子记住。人的脸就是大数据累积的结果，相由心生，有“人设”总比没人关心的“小透明”好，但是这需要我们不断自我超越，打破已有的人设，打破他人对自己的认知。而“西游小创客”所隐含的“老子不服”的超越精神，就是这个品牌或者说我们对所有已经拥有或者正在努力成为一个个人品牌的教师的期待。

因此，活在这个时代，真好！

北京景山学校　吴俊杰

2019 年 11 月 4 日于回乡园

种下一颗“西游”的种子

2016 年 9 月，由于需要在学校开设 Scratch 图形化编程课程，我和几位老师一起开发了 12 节“西游小创客”校本课程。我们在授课的过程中发现孩子们特别喜欢这种由经典故事改编而成的课程案例，有些孩子为了更好地完成西游故事的创作，利用课外时间重读《西游记》了解故事情节，还有一些孩子下课后还不肯离开教室，坚持要把自己的作品制作完成。

西游课程不仅让孩子们学会了编程，而且在他们心中种下了一颗“西游”的种子。为了将这颗种子播撒到更广袤的土地上，让更多的孩子走进编程，一同去西游，我们没有停下完善课程的脚步。

2019 年，由 51maker 教师团队共同开发的新版“西游小创客”教学设计和微视频课程陆续发布在 51maker 公众号上，得到了许许多多小读者、家长和老师的好评。大家纷纷给我们留言，表示热切期盼能看到“西游小创客”的纸质书籍。我们将原有课程进行了修订和拓展，增加了很多如语言翻译、语音识别、图像识别、手势识别和文字识别等人工智能（AI）方面的知识，让经典的西游故事跟着时代的节奏焕发出新的生机和活力。

本书一共分为 20 节课，每节课大约需要 2 个课时。前 16 节课采用的是官方 Scratch 3.0 软件，后 4 节课由于涉及人工智能等方面的知识，因此采用了基于 Scratch 3.0 开发的 Mind+ 软件来编程。本书以西游故事为载体，以编程为工具，涉及多学科知识，可作为开展 STEAM 教育和编程教育的学校的教师授课教材，也可以作为热爱科技的孩子们的课外阅读书籍。希望拿到这本书的老师与家长可以陪伴孩子一起阅读，与他们一起展开想象，对西游故事不断创新，创作出更多奇妙的西游故事作品。

感谢北京景山学校吴俊杰老师百忙之中抽出时间为本书作了序；感谢余江林、刘丽娟、邓昌顺、汪运萍、顾黄凯等老师给本书提供了鲜活的课程案例；感谢叶春霞、况君、王鑫鑫、卢素云等老师在 51maker 读者 QQ 群（1056643112）等社区的辛勤付出，为编者与读者的沟通交流搭建起了友谊的桥梁。

希望这本书的出现能为家长或老师在指导孩子时提供一些参考，同时也希望在学校里涌现出一批能够实现奇思妙想的小创客。

感谢您在孩子心里种下一颗“西游”的种子，只待来日开花、结果，芬芳美丽满枝丫。

编者

2020 年 5 月

目录

传说很久很久以前，在东胜神洲傲来国有一座花果山，山上有一块仙石。一天，仙石突然摇晃起来，随着晃动幅度越来越大，石头上出现了越来越多细小的裂纹，突然“嘣”的一声，石头炸开，一只猴子破石而出……惊天动地的美猴王就这样出世了。

第一课 悟空出世（一）

小朋友，你看过《西游记》吧？你知道悟空是从哪里来的吗？对了，悟空是从石头里蹦出来的。现在，请打开电脑，让我们借助神奇的 Scratch 软件来实现这样一个场景：在花果山的山脚下，一块吸收了日月精华的仙石突然晃动起来，不过一会儿竟然炸裂开来……

1 启动 Scratch 软件

双击桌面上的图标 ，启动并认识 Scratch 3.0 软件，软件的界面如图 1–1 所示。

图 1–1　Scratch 3.0 软件界面

在 Scratch 3.0 软件界面中有五个区域：指令积木区、脚本区、舞台表演区、角色区、舞台背景区。

2 请出我们的主角

小朋友，打开 Scratch 3.0 软件后，我们会发现舞台上有一个默认的“小猫”角色，点击该角色右上角的图标 请走“小猫”角色。如果误删，可以选择菜单栏中“编辑”

下的“复原删除的角色”来找回。

图 1-2 删除角色

图 1-3 撤销操作

由于故事发生在花果山，因此可以导入一张花果山的图片作为舞台的背景。点击舞台背景区的按钮，在弹出的菜单中选择“上传背景”选项，导入事先准备好的花果山图片。

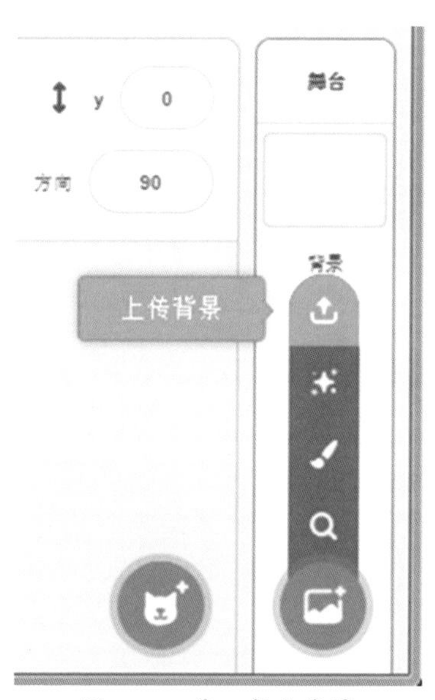

图 1-4 导入舞台背景

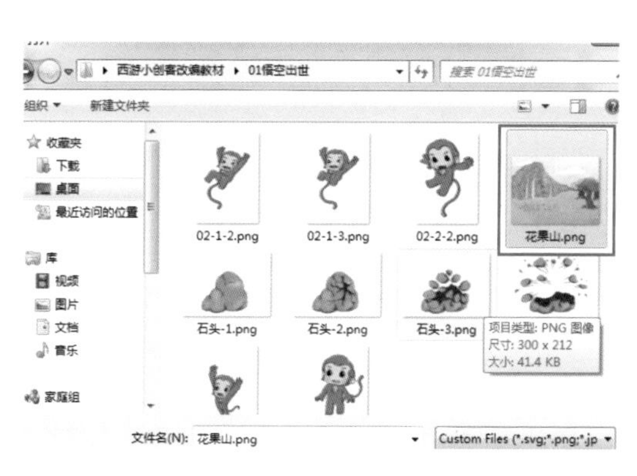

图 1-5 从本地文件夹中选择舞台背景

图 1-6 上传后的舞台背景

悟空是从石头里蹦出来的。首先在舞台上放置“石头”角色。点击角色区内的 按钮，选择“上传角色”选项，导入“石头 -1”图片。

图 1-7 从本地文件夹中上传角色

图 1-8 从本地文件夹中导入“石头 -1”图片

“石头”角色导入成功后，将其拖动到舞台上合适的位置。石头裂开的效果可由四张石头图片按顺序播放来模拟，因此需导入另外三张石头图片。先点击 造型 标签，再点击界面左下方的 按钮，依次导入另外三张石头图片作为“石头”角色的不同造型。

图 1-9 舞台角色导入成功

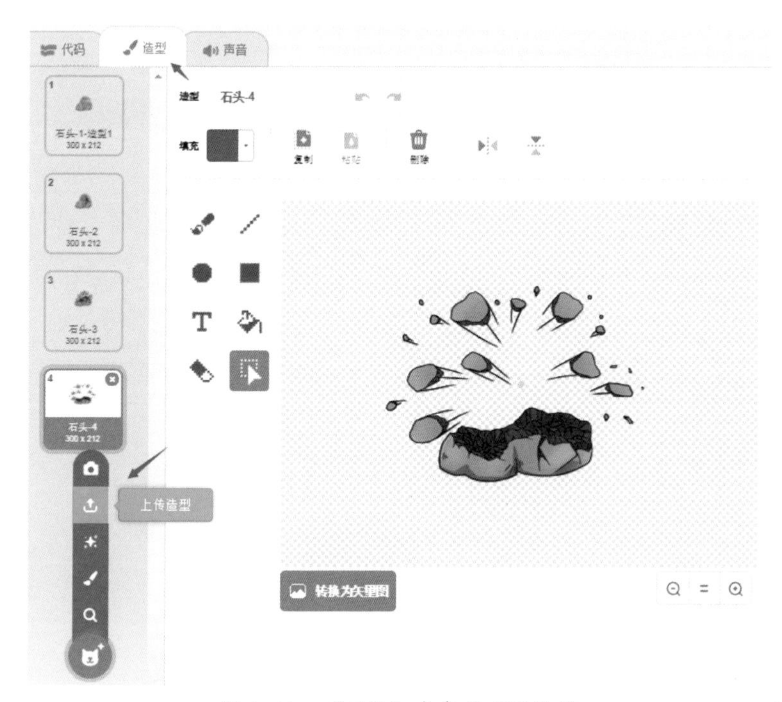

图 1-10 “石头”角色的不同造型

造型是角色的不同显示效果。如果你把自己当成一个角色，那么每天穿不同衣服的你就是不同的造型，但不管怎么换衣服，你还是你！理解了本书所指的角色、造型的概念，你就可以随心所欲地让角色“变魔术”了！

截至目前，我们已经学习了导入图片的三种功能，分别是导入舞台背景、导入角色和导入造型。你能说出它们的区别吗？

3 编写脚本，让“石头”角色动起来

我们预设的场景是石头先摇晃几下，再爆炸开来。那么，如何实现让“石头”角色摇晃几下？选择 代码 标签下的 运动 类，如图 1–11 所示。其中两个旋转指令可以帮助实现该效果，比如先单击 右转 15 度 ，然后单击 左转 15 度 。

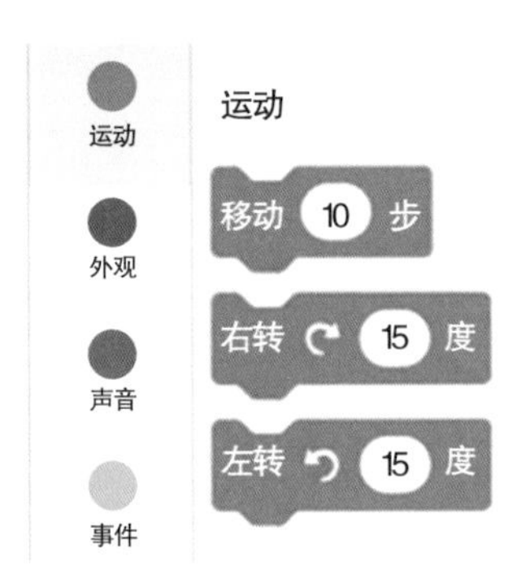

图 1–11　运动类指令

将指令块从指令积木区拖动到脚本区时，如果两个指令块之间出现灰色的阴影，那么表示这两个指令块可以粘接到一起，如图 1–12 所示。

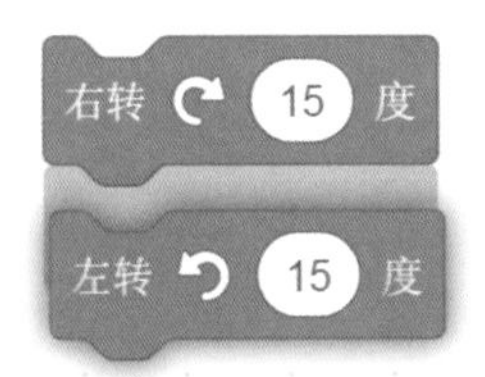

图 1–12　指令粘接标志

将指令块粘接到一起后，再从 事件 指令类中找到 当 被点击 ，并将其拖到脚本最上方完成粘接，最后点击舞台右上角 按钮中的绿旗启动程序运行，而红色按钮停止程序的运行。

按图 1–13 所示编写脚本后，点击绿旗，石头怎么没有任何反应呢？我们编写的程序出了问题吗？其实，我们做每一件事情都需要占用一些时间，程序执行也是如此。因为没有等待的时间，导致程序执行得太快，如图 1–13 所示的画面上呈现的效果就像什么事都没有发生一样。

图 1–13 角色旋转角度

那么如何修改呢？很简单，只需在每条旋转指令下方增加“控制” 指令类中的 指令，如图 1–14 所示。

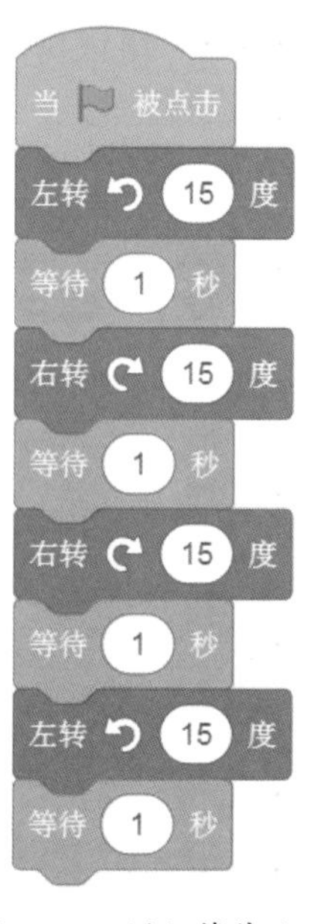

图 1–14 增加等待时间

再次运行程序，查看效果。如果你觉得等待时间过久，也可以把参数 1 秒改成 0.5 秒。

如果要实现石头持续三次先左后右摇晃的动态效果，该怎么做呢？实际上，做重复的事情是电脑最擅长的，只需要把实现石头旋转的指令模块复制两次即可。

点击第一个 左转 ↺ 15 度 指令块，按住鼠标不放并往下拖，你会发现绿旗与下方的指令模块自动分离了，而且出现了灰色阴影，如图 1–15 所示。这就是拆分指令积木块的方法。

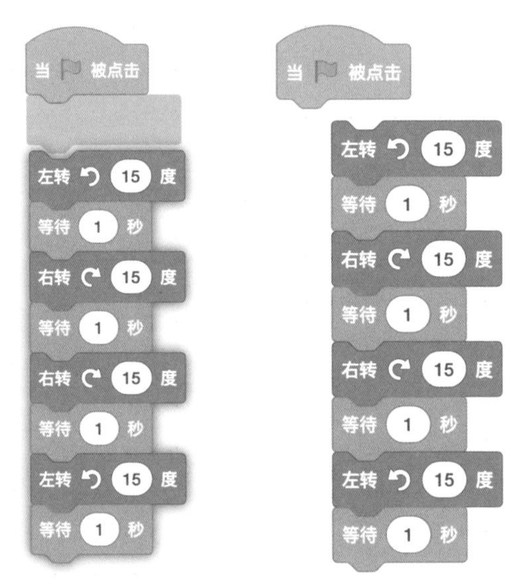

图 1–15 拆分指令积木块

图 1–16 复制脚本

移动鼠标至需要复制的指令模块中的第一个积木块，单击后出现下拉菜单，选择“复制”，就可以克隆出完全一样的脚本。另外，也可以用这个方法删除多余的脚本或添加注释。

把这段脚本连续复制两次，在每段脚本后面加上 等待 1 秒 ，然后把所有脚本黏合在一起，最后点击绿旗测试程序。

程序虽然没有问题，但是太长了，读起来非常累。Scratch 软件中 控制 类下的指令块 重复执行 10 次 可以帮助简化程序。

如图 1–17 所示，使用重复执行指令后的脚本，是不是看上去简洁多了？小朋友，以后记得把需要重复做的指令都放在重复执行模块里面。

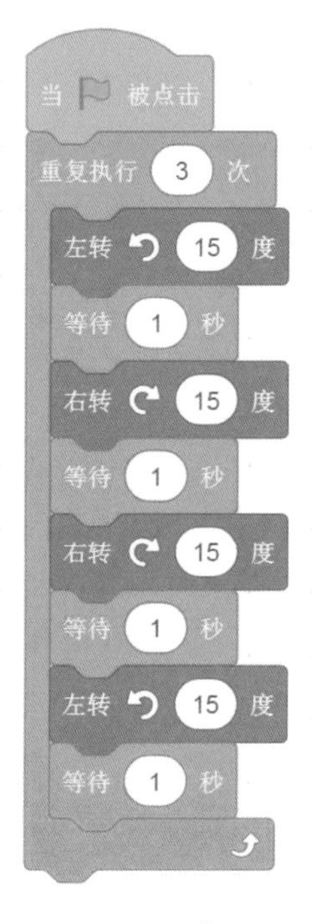

图 1–17　用重复执行指令简化后的脚本

石头摇晃结束后会发生爆炸，可以用 外观 指令类中的 换成 石头-1 造型 来实现。通过编写脚本让“石头”角色的几个造型依次出现，实现石头炸开的效果，如图 1–18 所示。同样，在造型切换指令后加上一定的等待时间。

运行程序，你会发现一个有趣的现象：石头一开始就处于炸开的状态，然后才开始摇晃！改变这种现象只需要在程序开始执行时将“石头”角色初始化成造型“石头 -1”即可。

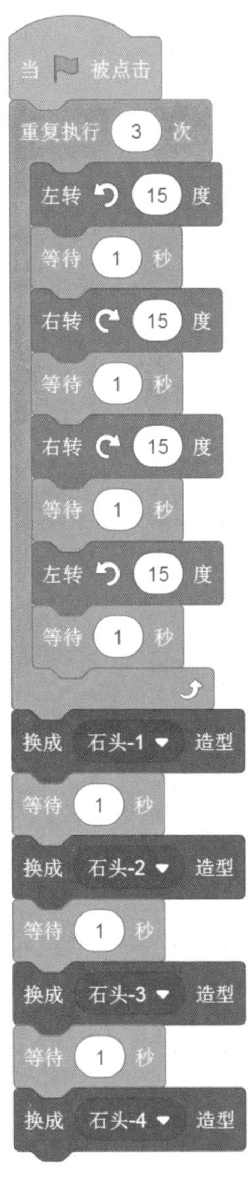

图 1-18 切换造型

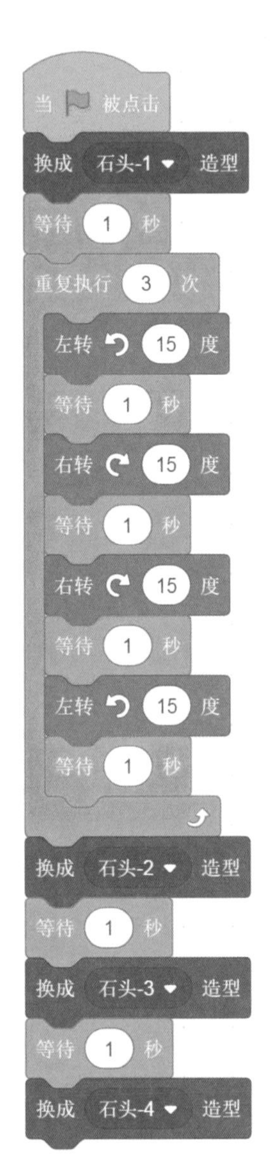

图 1-19 将角色造型初始化

如图 1-19 所示，调整指令块的前后顺序可以实现我们想要的效果，编程有时就是这么神奇！

花果山下的那块仙石炸开后，从里面蹦出一只惊天动地的石猴，就是后来大闹天宫的孙悟空。这节课，我们将借助 Scratch 软件让悟空一飞冲天，直上云霄。

第二课　悟空出世（二）

1 编写脚本，让悟空从石头里蹦出来

导入“悟空”角色，先通过 外观 指令类下的 将大小设为 100 指令块调整角色至合适的大小（注意：设定的数值最好比“石头”角色的略小），然后通过 后移 1 层 指

令块实现悟空隐藏在石头的后面。但是，为了实现石头炸开后悟空出世的效果，这里将“悟空”角色暂时设置为“隐藏”，如图 2–3 所示。

图 2–1　从本地文件夹中导入“悟空”角色

图 2–2　将角色设定为合适的大小

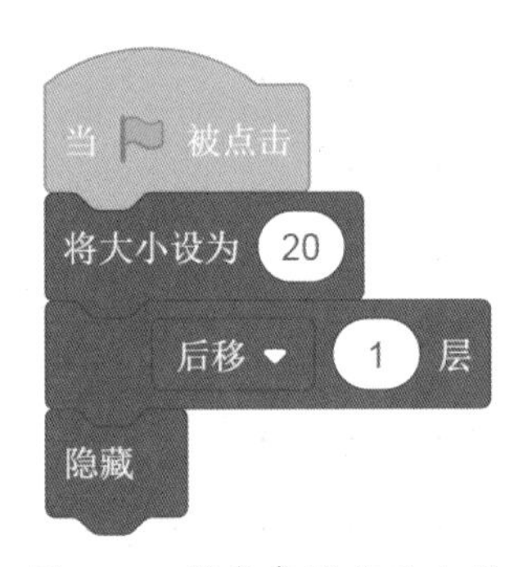

图 2–3　将角色设定为合适的大小并隐藏的脚本

悟空什么时候才出场呢？可以通过计算石头从晃动到炸开总共花费的时间，来推测在程序开始执行多少时间后悟空才能从石头中现身。经过计算，得出时间为 15 秒，那么“悟空”角色在等待 16 秒后显示。

图 2–4　确定角色的当前坐标值

悟空从石头里炸出，一飞冲天，可以使用 运动 指令类中的 在 1 秒内滑行到 x: 63 y: 111 指令块来实现。另外，在“运动”指令类中还有一个类似的指令块 移到 x: 63 y: 111 。其中，x 和 y 用来表示舞台上的角色当前所在的位置。

运行程序，在石头炸开的状态下，悟空从石头里“蹦”出来，这时候 运动 指令类中有显示“悟空”角色新位置的指令块 在 1 秒内滑行到 x: 63 y: 111 ，只需将该指令块拖出来放到脚本里。

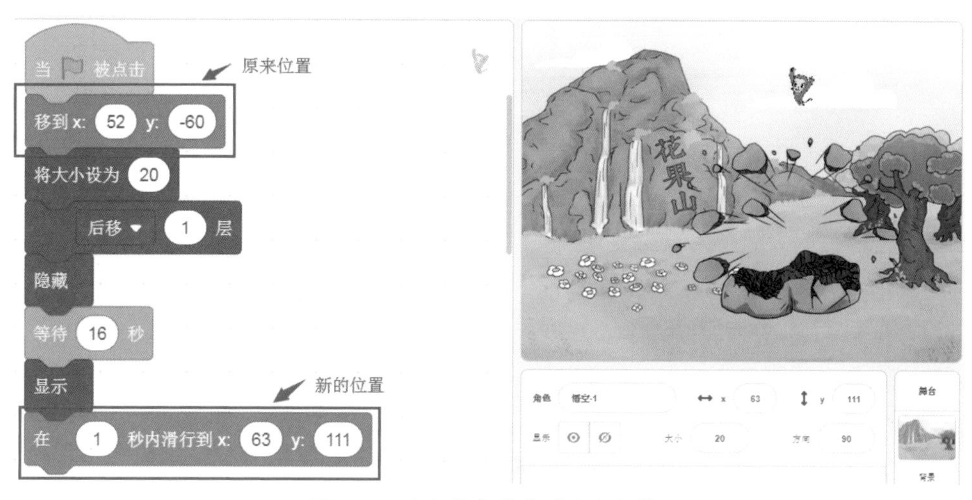

图 2-5　确定角色要移到的坐标值

2 悟空在滑行中切换造型

下面我们来编写脚本，让悟空一飞冲天后滑向山顶，然后再从山顶慢慢滑行至地面。先确定悟空到达山顶时的坐标位置，然后滑行过去，在等待 1 秒后，切换至下一个造型，脚本如图 2–6 所示。

图 2–6　切换角色造型

导入“悟空 –2”图片作为“悟空”角色的第二个造型。

图 2–7 导入角色新的造型

让悟空从半山腰滑行到地面，并且让角色在到达地面后变大，脚本如图 2–8 所示。

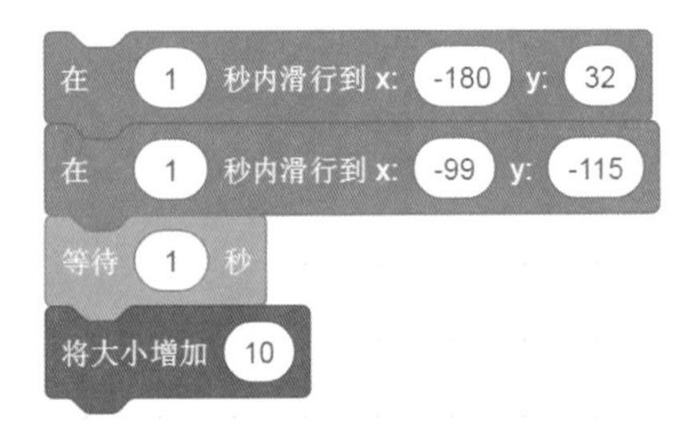

图 2–8 悟空滑行的脚本

悟空从山顶滑行到地面，整个过程的完整脚本如图 2–9 所示。

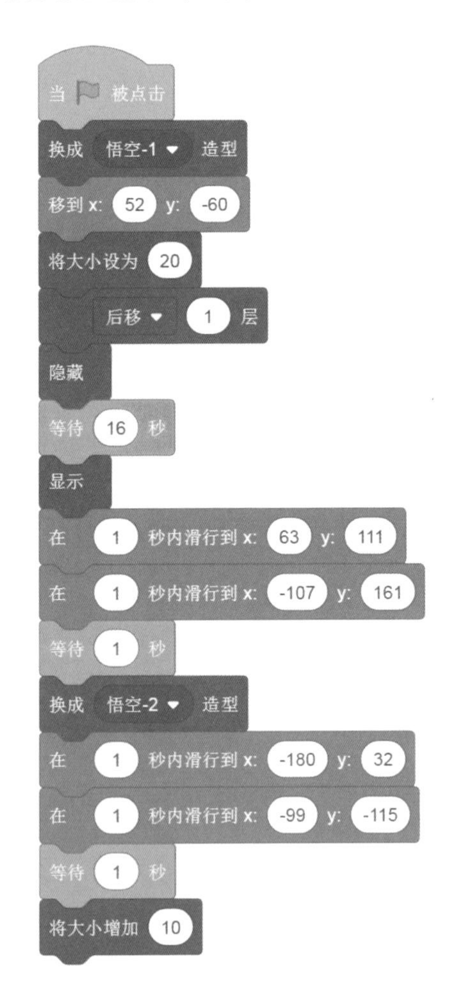

图 2–9 悟空从山顶滑行到地面的完整脚本

3 给作品加上合适的音效

石猴从石头里蹦出来时天崩地裂，地动山摇。我们可以尝试用 Scratch 软件中的录音功能给石头的晃动以及悟空蹦出来后的喜悦心情配上适当的音效。比如，可以从歌曲《云宫迅音》里截取一段音乐，让本课的故事情节变得更加生动有趣。

也可以把声音脚本加入舞台上任何一个角色的脚本里,包括舞台本身。以舞台为例:选择 舞台 窗口里的“声音”标签，导入系统自带的声音，或自行录制的声音，或计算机上存储的声音文件。

图 2-10　三种添加声音的方法

我们先从系统声音库中选择“Splash”音效。

图 2-11　从系统中选择声音

然后上传本地文件夹中的“爆炸 .mp3”“西游记 .mp3”音乐文件。最后，利用 Scratch3.0 软件中自带的录音功能录制“俺老孙来也！”。声音录制好后，系统会自动截取，你可以选择要保存的部分或者重新录制。

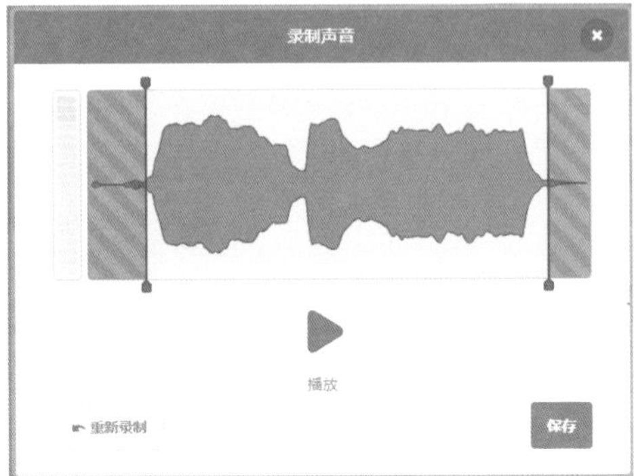

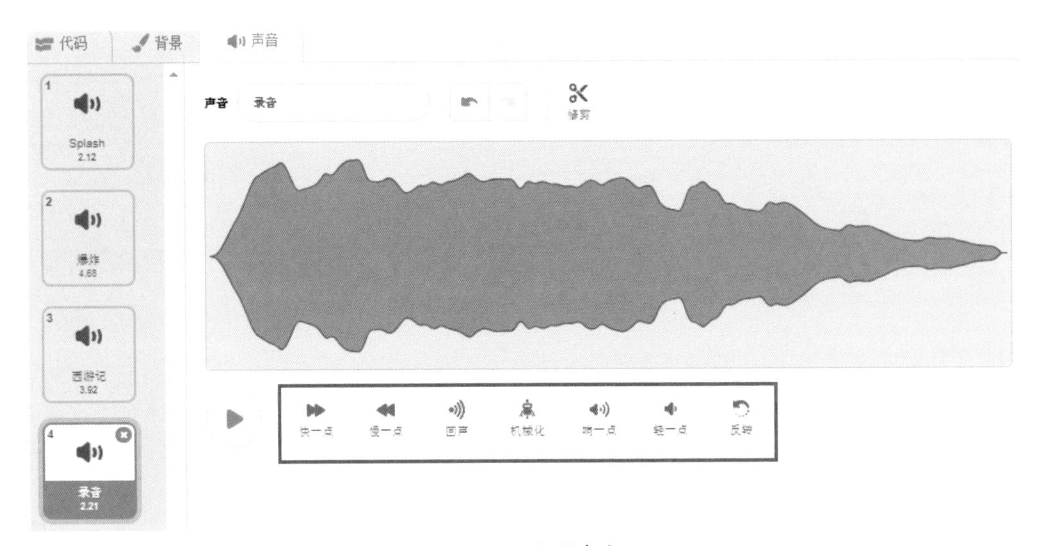

图 2-12　录制声音

点击“保存”以后，录音就完成了。根据需求，所有声音文件都可以通过声音窗口中的按钮 快一点 慢一点 回声 机械化 响一点 轻一点 反转 进行处理。

点击“快一点”或“回声”按钮，可以让声音更逼真形象。

根据画面的先后顺序，在舞台脚本区编写声音播放脚本，如图 2-13 所示。

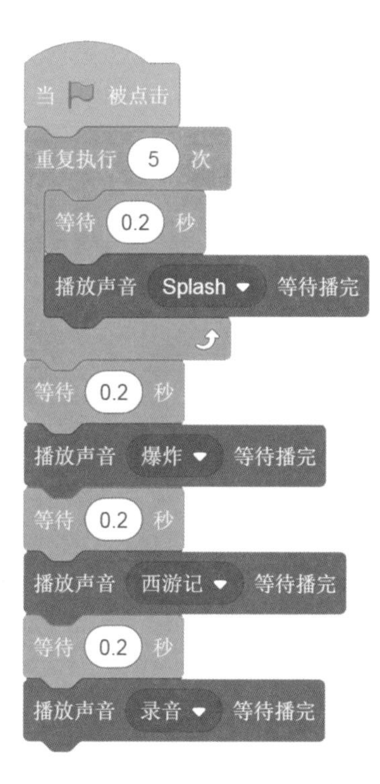

图 2-13 完整的声音播放脚本

在制作作品过程中要记得随时保存，这是一个非常重要的环节。点击“文件”菜单中的“保存到电脑”选项，指定一个文件夹，保存作品。

图 2-14 文件保存菜单

图 2-15　选择文件夹保存作品并确定文件名

如何找到保存的作品呢？选择“文件”菜单下的“从电脑中上传”，在弹出的对话框中选择已保存的作品，点击“打开”即可。

图 2-16　从电脑中上传作品

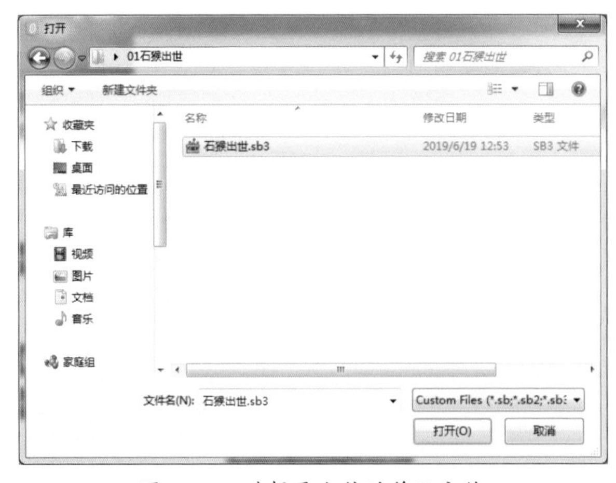

图 2-17　选择要上传的作品文件

悟空刚出世，就以超凡的勇气和无畏的胆量探寻到了花果山圣地——水帘洞，赢得了众多猴粉丝的心。这节课，我们就和悟空一起，在飞跃水帘洞的过程中学习角色定位及大小设定等指令，同时第一次接触角色相互“呼应”时非常有用的一个功能——“广播”。

第三课 飞跃水帘洞

1 导入舞台背景和主角

故事发生在花果山下的水帘洞里，我们先导入“水帘洞”及“悟空”角色的图片。

图 3-1　从本地文件夹中导入舞台背景及角色

利用 运动 指令类下的 移到 x: -17 y: -91 指令，确定“悟空”角色的坐标位置并将其设定为合适的大小。几乎每一个角色登场时，都会用到这几个指令块来确定角色的初始位置和大小，我们称之为角色的初始化。

为了增加作品的剧情效果，可以使用 外观 指令类下 说 你好！ 2 秒 指令，让“悟空”角色开口说话。

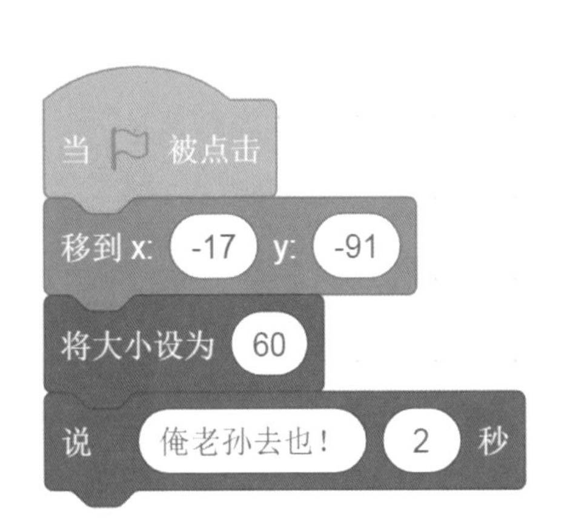

图 3-2　设置角色的初始位置及大小

图 3-3　“悟空”角色的初始位置及大小

然后根据悟空的行走路线依次确定坐标位置，并通过 在 1 秒内滑行到 x: y: 指令块让“悟空”角色在这些坐标位置之间滑行。方法是：先拖动“悟空”角色到一个新的坐标位置，然后拖出 在 1 秒内滑行到 x: y: 指令块，并把角色大小减少 10，然后再移到新的位置，再拖出该指令块，再将角色大小减少 10，重复这样的操作直至悟空滑行到洞口。

图 3-4　“悟空”角色逐渐变小并滑行至洞口

想要模拟悟空进出洞的效果，可以让“悟空”角色等待一定时间后隐藏，再等待一定时间后显示。其中 隐藏 和 显示 指令块可以在 外观 指令类中找到。

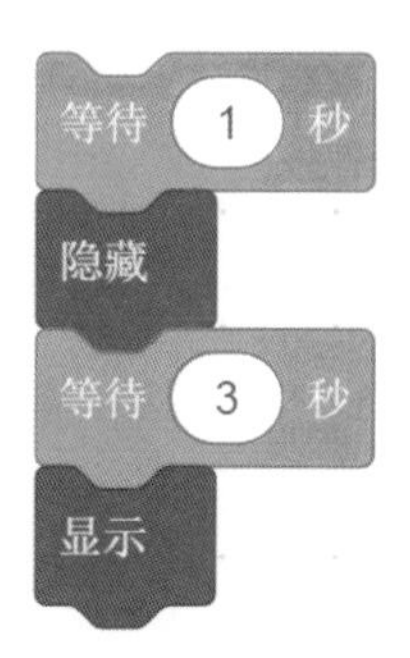

图 3-5　“悟空”角色先隐藏再显示

悟空从洞里出来后可以沿任何路线返回。注意：返回的时候，“悟空”角色会越来越大。

“悟空”角色返回时的参考脚本，如图 3–6 所示。

图 3–6 “悟空”角色返回时的参考脚本

2 为另一个角色“小猴”设计脚本

故事中出现了一些可爱的小猴子，它们可是专门来给美猴王加油捧场的。导入“小猴”角色的两个造型，并设置初始位置及大小。根据剧情需要，先将“小猴”角色设置为隐藏，等到需要的时候再显示。

图 3-7 导入“小猴”角色的两个造型

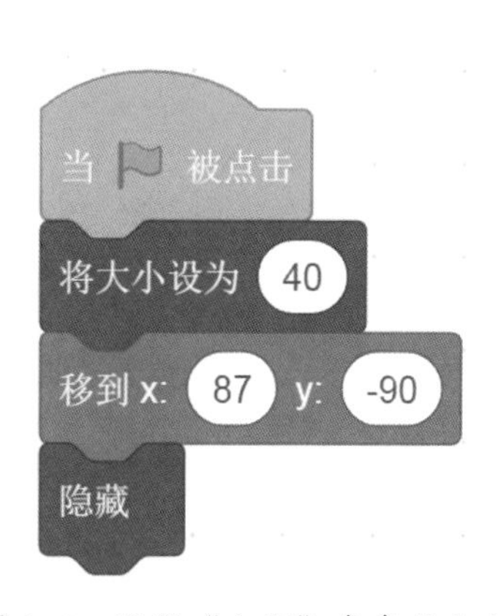

图 3-8 设置“小猴”角色的初始位置及大小并隐藏

事件 指令类下的 广播 消息1 指令块能够帮助告知“小猴”角色可以显示了。通俗地说，“广播”就是专门负责在角色之间传递消息（消息的接收者可以是舞台上的所有角色，包括角色自身和舞台背景）的指令。本作品想要呈现的效果是悟空返回地面时，小猴出场，并跳跃着给大王点赞。首先，在“悟空”角色脚本中加上 广播 消息1 指令块，其中“消息 1”的名称可以通过点击指令块中的下拉按钮来修改设定。

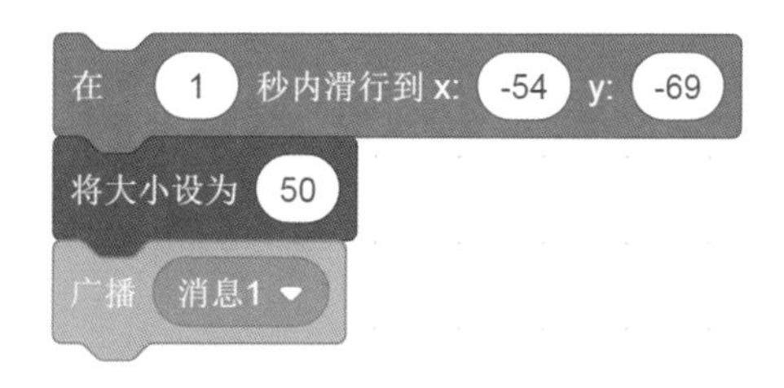

图 3-9 “悟空”角色发出广播“消息 1”

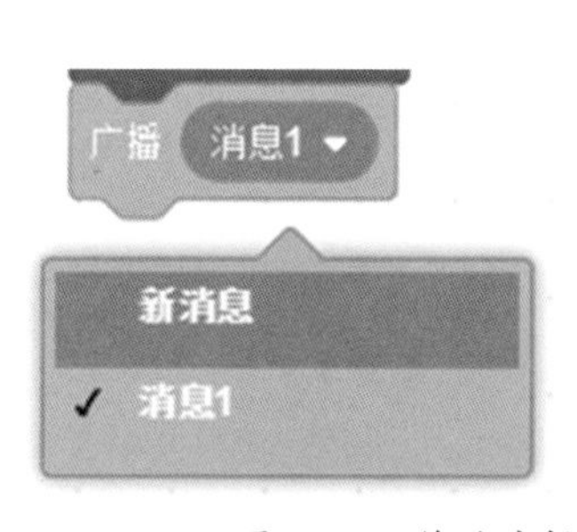

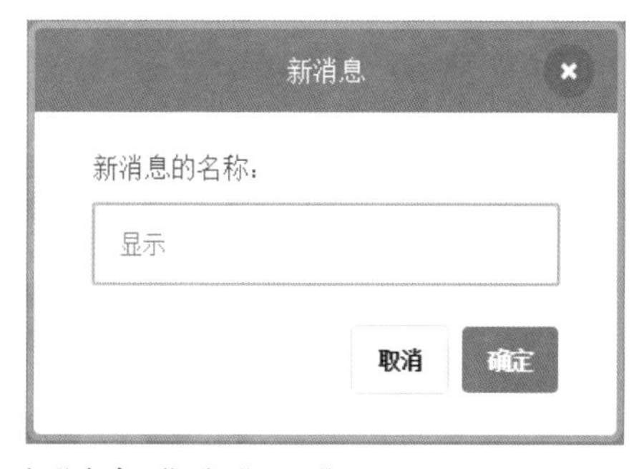

图 3-10 修改广播名称“消息 1”为“显示”

该广播发出后，舞台上的所有角色都可以收到，包括“小猴”角色。小猴收到广播后，就可以出来表演了！接收广播时，用到 事件 指令类中的 当接收到 显示 指令块。

接收到广播后，“小猴”角色除了显示还可以有哪些动作？“小猴”角色接收到广播后的参考脚本，如图 3-11 所示。

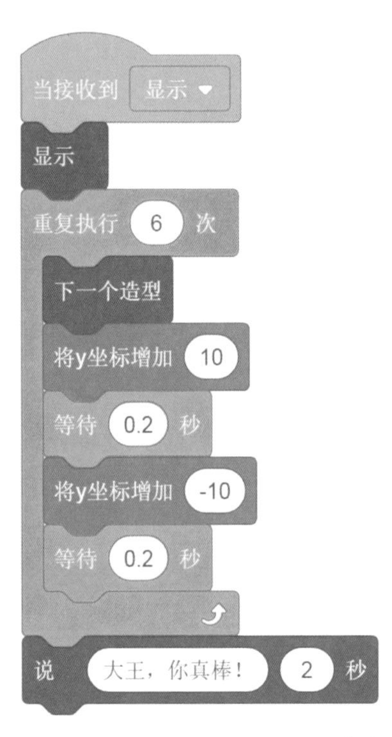

图 3-11 “小猴”角色收到广播后的参考脚本

小朋友，本节课的学习到这里就结束了。如果你对悟空“飞跃水帘洞”这一故事情节有新的补充，快用神奇的脚本去实现吧！

3 拓展与提高

如果想实现几只小猴同时给大王捧场，要怎么做呢？谈谈你的想法，并用脚本去实现吧！

悟空当了大王后，一心想学一身的好本领保卫花果山。于是，它告别众猴，独自寻师学艺，并最终学成了非常厉害的七十二般变化。

第四课　悟空学艺

1 导入舞台背景及角色

从本地文件夹中导入舞台背景“学艺背景”和“悟空”“师父”角色及其造型。将“悟空”“师父”角色拖至舞台合适的位置，并编写相应的脚本将其初始化。

悟空跟着师父学艺，仔细聆听师父的教导。师父说："悟空，你要认真学习本领才能保护花果山哦！"在第二课中我们已经学习了让角色说话的指令，小朋友，你可以试一试，如果你还不会打字，可以输入汉语拼音来代替，如图 4-1 所示。

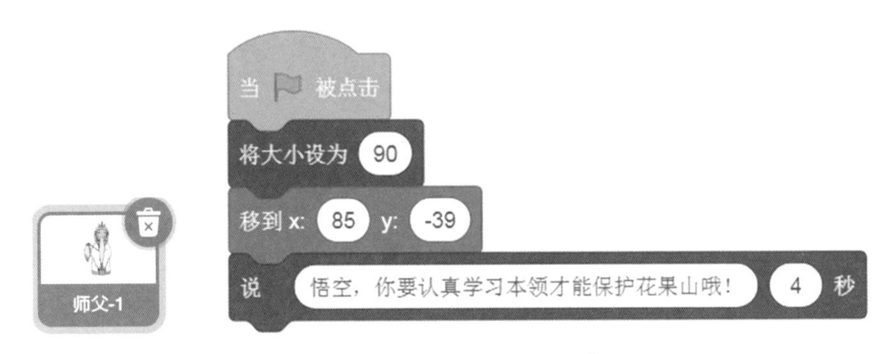

图 4-1 "师父"角色说话的脚本

悟空非常想学好本领，保护花果山。于是它礼貌地回答："嗯嗯，师父，你快教我本领吧！"先选中"悟空"角色，对其编写脚本，可参考如图 4-1 所示的脚本。

图 4-2 选中"悟空"角色

点击绿旗运行程序，是不是出现了问题？

原来师父和悟空同时说话了，这和现实中的对话状态不太相符。我们可以估算"师父"角色说话的时长，然后点击 等待 1 秒 指令，对指令中的参数进行相应的修改，如图 4-3 所示。

图 4-3　悟空回应师父的脚本

“悟空”和“师父”角色都有多个不同的造型，可以让他们在说话的同时不断切换造型，使作品效果更逼真！

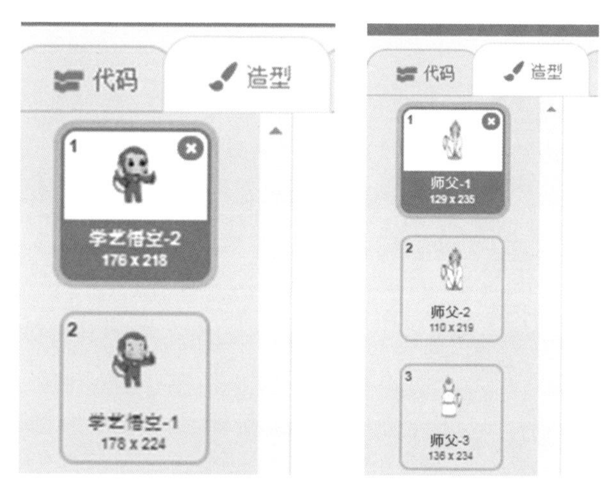

图 4-4　“悟空”和“师父”角色的多个造型

使用“广播”指令，让他们在说话的同时切换造型，脚本如图 4-5、图 4-6 所示。

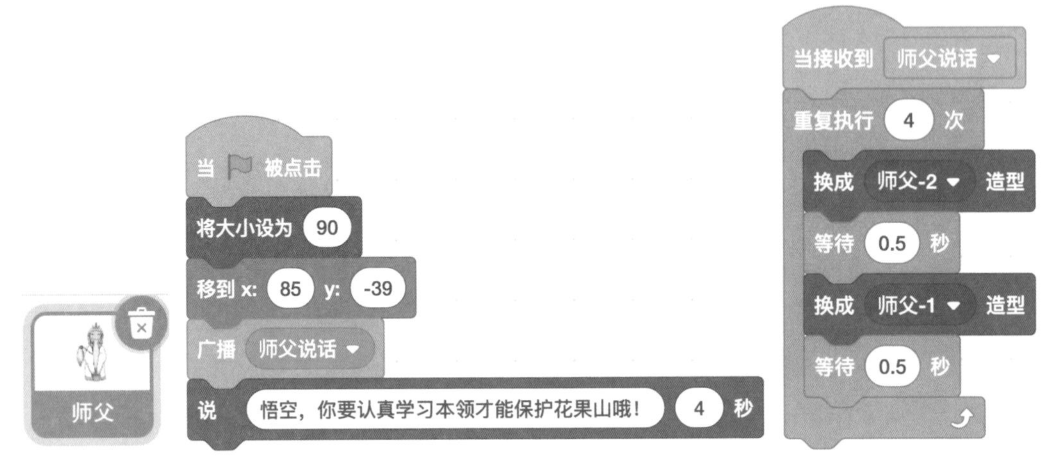

图 4-5 师父边说话边切换造型

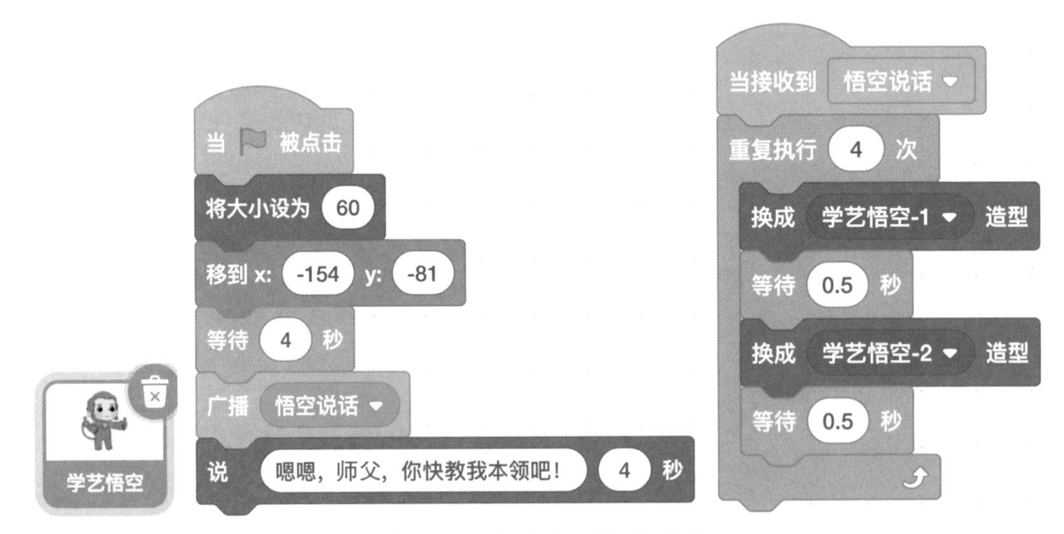

图 4-6 悟空边说话边切换造型

师父回应悟空："那你看仔细了，变！" 注意：要选中"师父"角色。

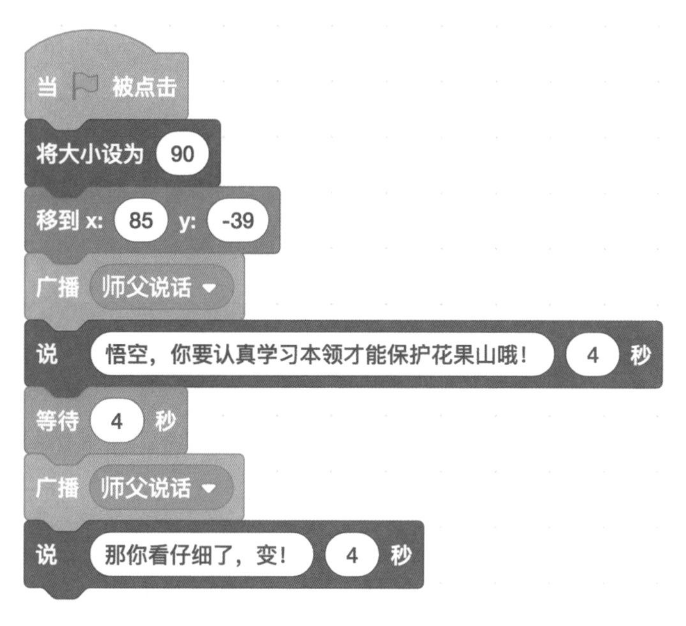

图 4-7 "师父"角色说话的脚本

2 学习"七十二变"

师父话音刚落，悟空就被变成了一只蝴蝶。其实这只蝴蝶是悟空的另外一个造型，所以我们需要先给悟空增加一个造型。选中"悟空"角色，单击"造型"选项卡，从造型库中找到"蝴蝶"造型，鼠标单击确定。

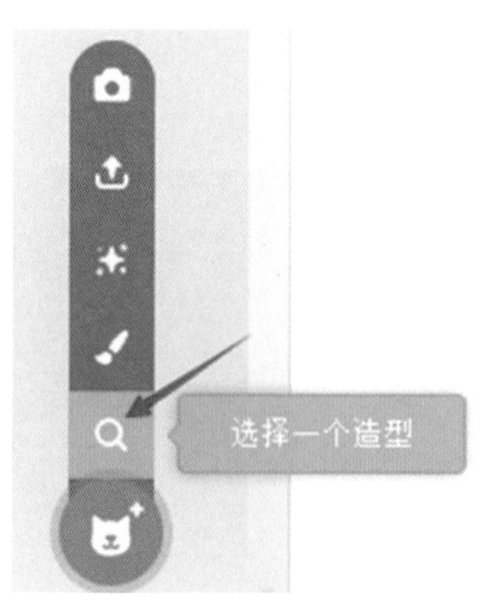

图 4-8 选择一个造型

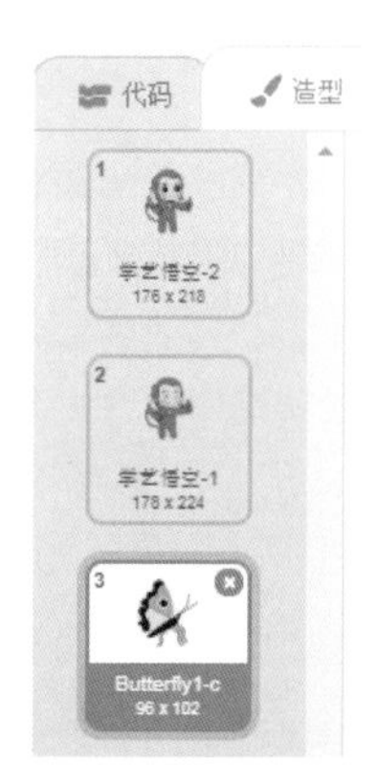

图 4-9 添加新造型

造型添加完毕后，如果直接给“悟空”角色加上一个切换造型的命令，那么悟空就变成蝴蝶了。所以应该在“当绿旗被点击”之后，插入将造型切换为“学艺悟空-2”的指令，如图 4-10 所示。

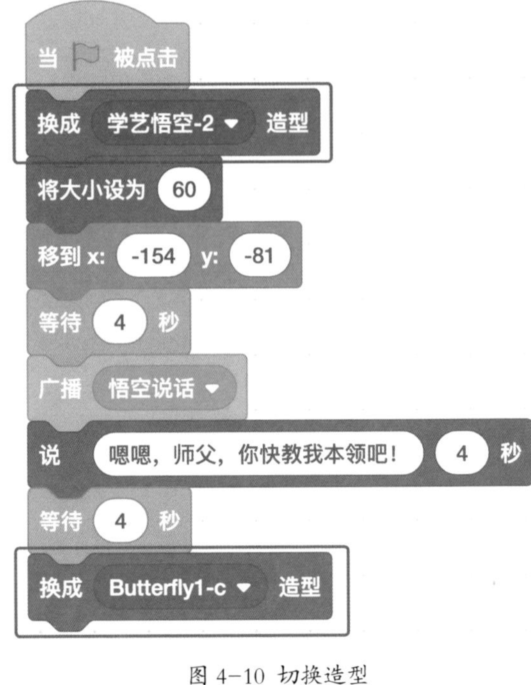

图 4-10 切换造型

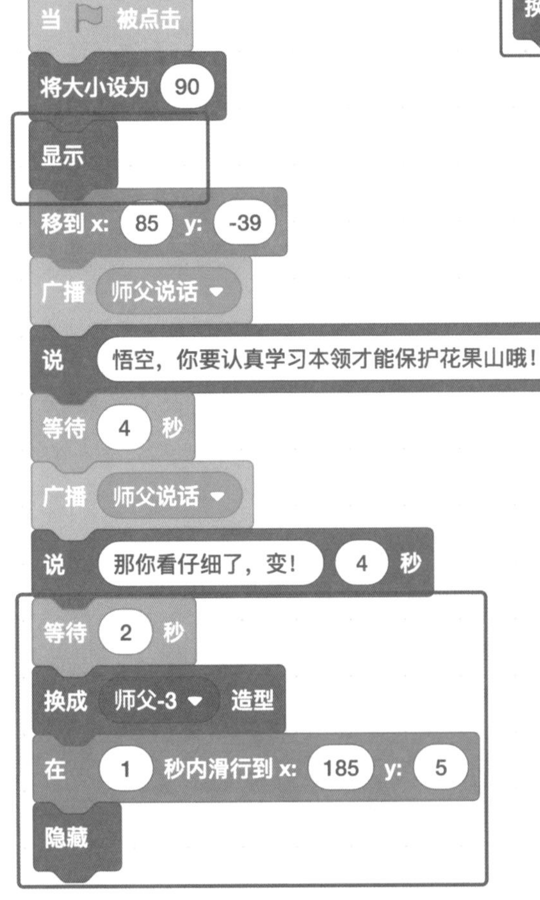

图 4-11 师父离开的脚本

教完悟空七十二变之后，师父便回家休息了。我们让师父在等待 2 秒后换成第三个造型，然后在 1 秒钟内移动到舞台背景出口处，接着隐藏。别忘记在程序开始处加上“显示”指令。

悟空非常珍惜这个机会，师父走后，它独自练习，变小鸟、变小狗、变小猴……悟空反复练习的过程，可以通过“重复执行”脚本来实现，如图 4-12 所示。

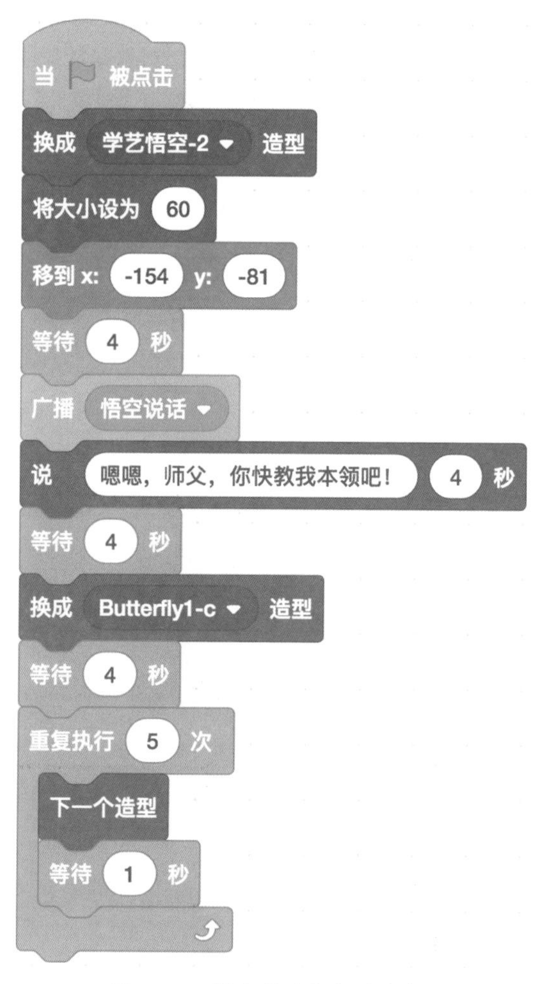

图 4-12　悟空练习本领的脚本

在练习期间，悟空经历了许多白天和黑夜，如何才能实现这个效果呢？注意：每次切换造型都要有等待时间。

3 拓展与提高

悟空想让自己变的小动物有一些动作，比如在舞台上移动或跳跃。小朋友，你能帮它实现吗？

悟空虽然跟着师父练就了一身出色的武艺，但是赤手空拳的它还想要一件称心如意的武器。于是，它在学识渊博的老猴子的指引下只身前往东海龙宫，寻找称心的宝物。悟空要想顺利找到适合自己的宝物，除了胆大心细以外，还需要小朋友的帮助哦。

第五课　龙宫寻宝

1 绘制龙宫地图

龙宫地形复杂，小朋友可以自己绘制地图。选择“舞台背景”选项卡，使用矩形框工具，选择相应的填充色及轮廓颜色，绘制如图 5-1 所示的龙宫地图。

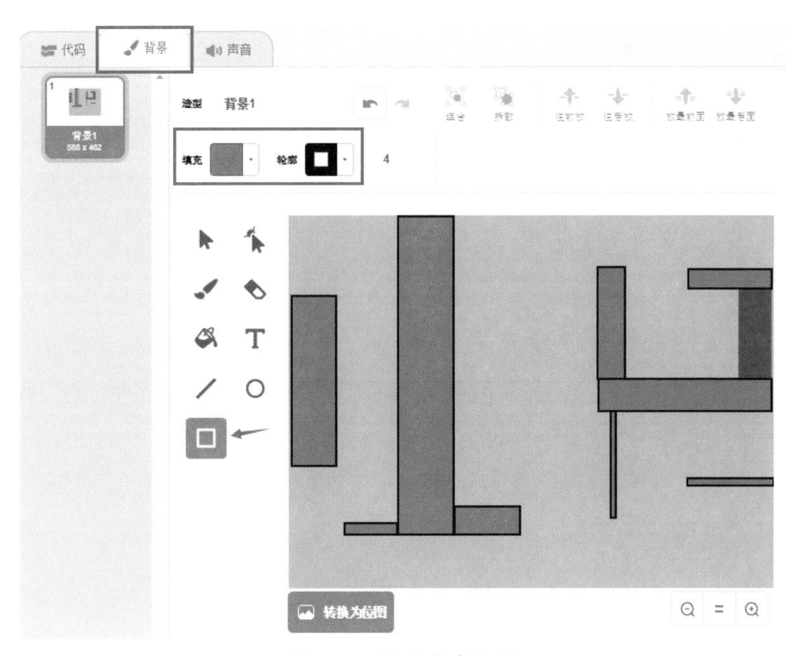

图 5-1　绘制龙宫地图

龙宫地图绘制完成后，分别导入“悟空”和“金箍棒”两个角色，并完成初始化设置。注意：调节“悟空”角色的大小，使其刚好可以在通道中穿行；将“悟空”角色拖至龙宫起点处，“金箍棒”角色的初始位置如图 5-2 所示。

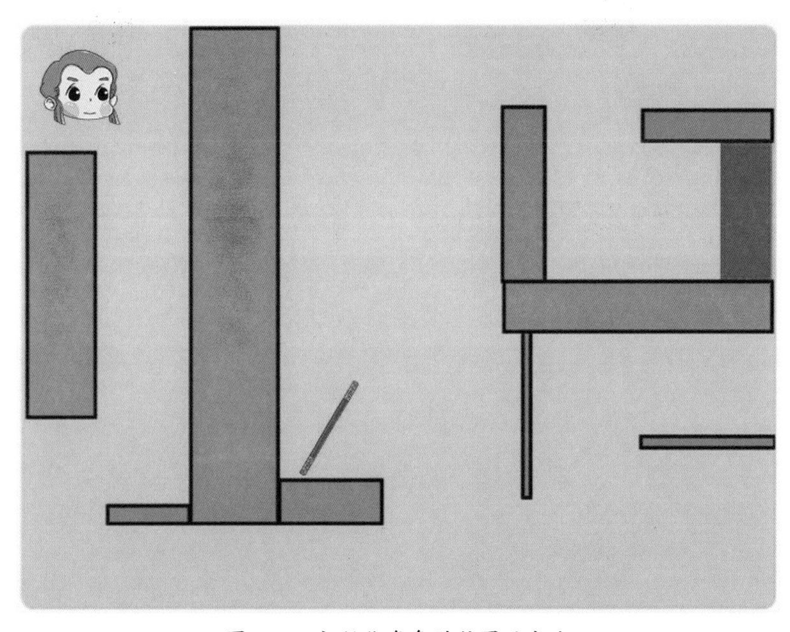

图 5-2　初始化角色的位置及大小

要让悟空顺利拿到金箍棒，可以通过键盘控制“悟空”角色移动来实现。事件指令类下 当按下 空格 键 指令中的“上、下、左、右”键可以用来触发“悟空”角色的移动。按下这些键时，我们首先要控制“悟空”角色面向一个指定的方向（如图 5–3 所示），然后向前移动一定的步数，这样就能实现我们想要的效果了。但我们不希望“悟空”角色在行走的过程中穿墙而过，因此增加判断条件：当“悟空”角色碰到黑色时，向相反的方向移动同样的步数，以防止悟空越界。此外，加上“碰到边缘就反弹”指令，让角色一直显示在舞台上。

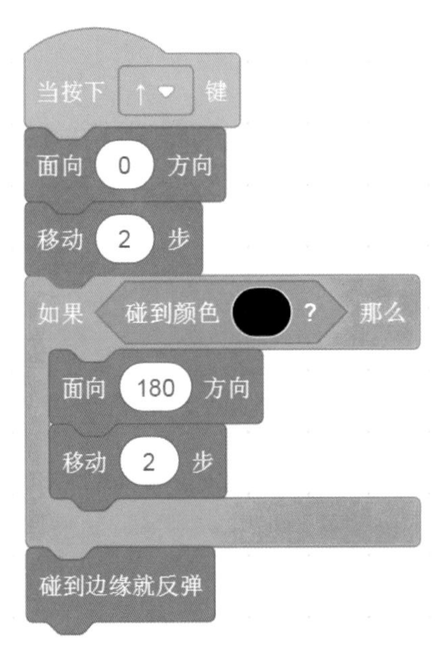

图 5–3　设置角色的移动脚本

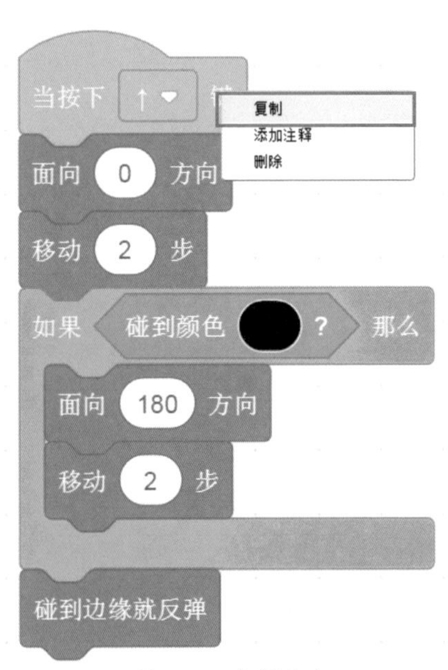

图 5–4　复制脚本

编写好用“上移键”控制“悟空”角色向上（即 0 度方向）移动的脚本后，连续复制三个相同的脚本，如图 5–4 所示。在复制所得的脚本中修改参数“面向方向”，实现悟空上、下、左、右自由移动的效果，如图 5–5 所示。

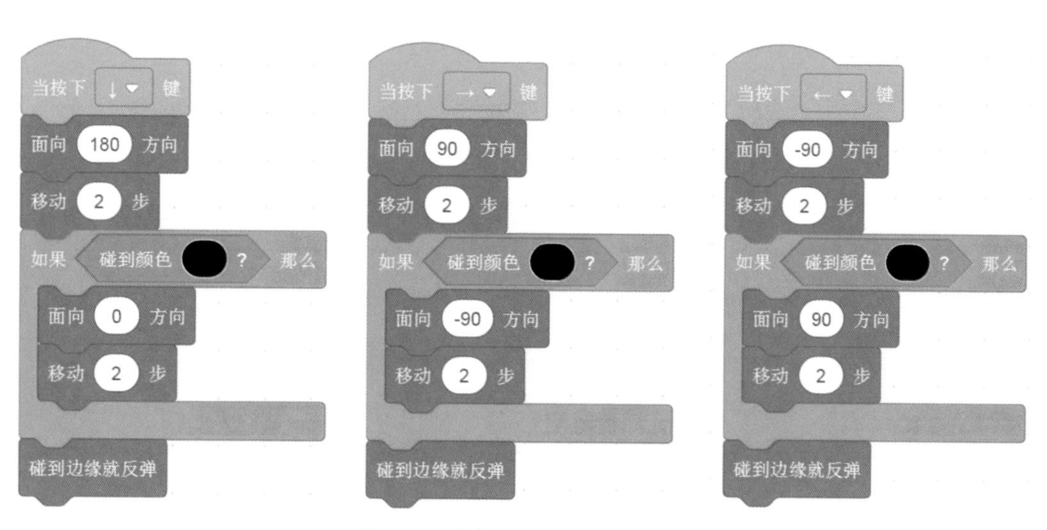

图 5-5　键盘控制悟空移动的脚本

键盘控制“悟空”角色移动的脚本编写好后，快来测试一下。咦，悟空移动时怎么头朝下倒翻过来了?

图 5-6　悟空移动时的状态

原来在角色信息面板的“方向”选项中隐藏着一个小“机关”，点击后会出现角色的旋转方向及旋转模式，分别是“任意旋转”“左右翻转”和“不旋转”三种。舞台上的角色一般默认为“任意旋转”，所以悟空在移动时才会出现这种“翻跟头”的现象。点击 ▶◀ 按钮（左右翻转模式），再用键盘控制“悟空”角色移动，观看效果，如图 5-7 所示。

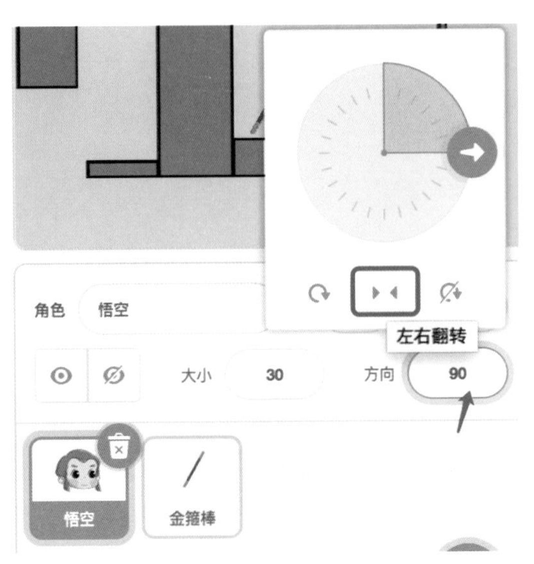

图 5-7　更改旋转模式

3 设置龙宫寻宝条件

现在悟空能自由行走而且不会穿墙啦！可是如果让悟空这么容易就拿到金箍棒，那也太没有挑战性了！现在，我们给悟空在龙宫中的行走制造一些麻烦。在龙宫里增加一个机关门，只有悟空移动到指定位置并且拿到钥匙时，机关门才能顺利打开，让悟空继续通行。

从系统角色库中选择“Key”并导入舞台，编写脚本如图 5-8 所示。

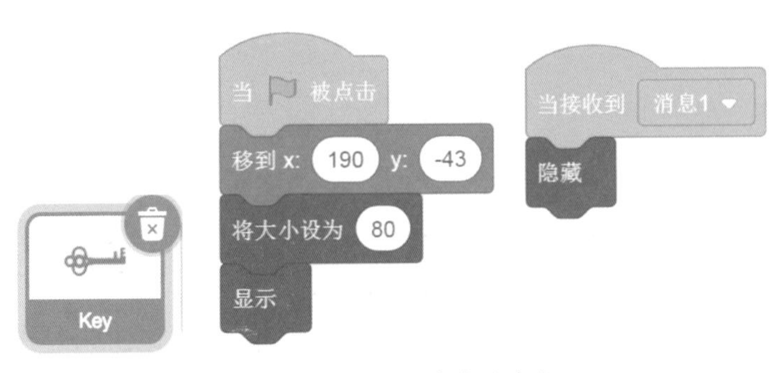

图 5-8　“Key”角色的脚本

绘制新角色“机关门”，其位置如图 5-9 所示。悟空必须先拿到钥匙去开启机关门，然后才能拿到金箍棒。

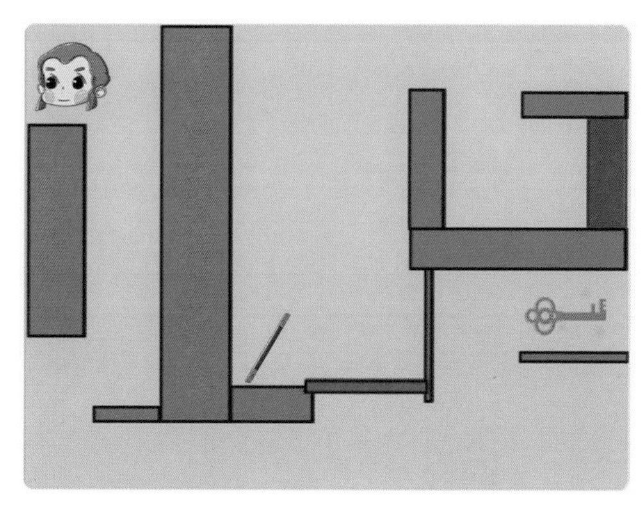

图 5-9 “Key”及“机关门”角色的位置

“机关门”角色造型的中心设置如图 5-10 所示。

图 5-10 角色中心设置

当悟空拿到钥匙时，机关门逆时针缓慢旋转 90 度，然后打开，脚本如图 5-11 所示。

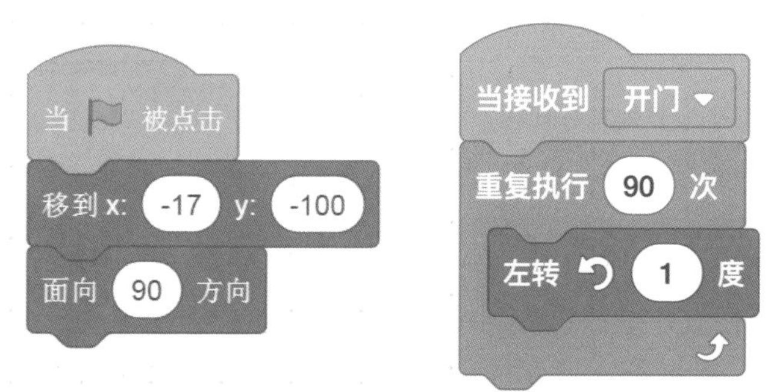

图 5-11 机关门旋转的脚本

给“悟空”角色的脚本添加侦测功能，当碰到“Key”角色时，发送指定的广播，如图 5-12 所示。

图 5-12 “悟空”角色碰到“key”角色时发出广播

“机关门”角色收到广播后，旋转并打开。

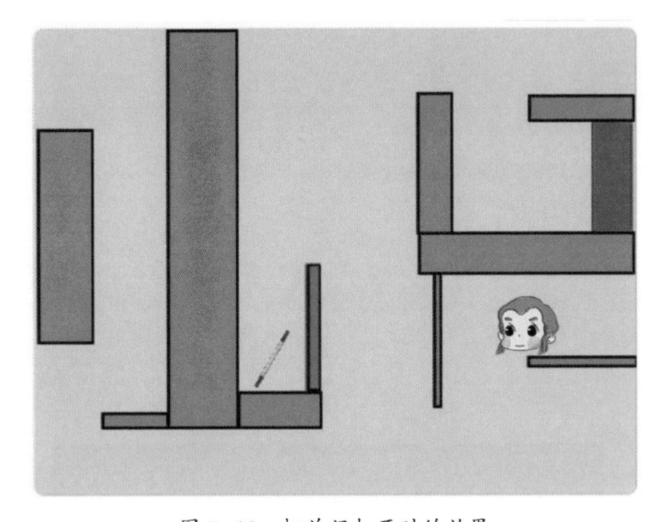

图 5-13 机关门打开时的效果

接下来，我们再给悟空的历险增加点难度。从本地文件夹中分别上传“蟹兵”和“虾将”两个角色及其造型。悟空碰到这两个守卫者时，就要返回起点。

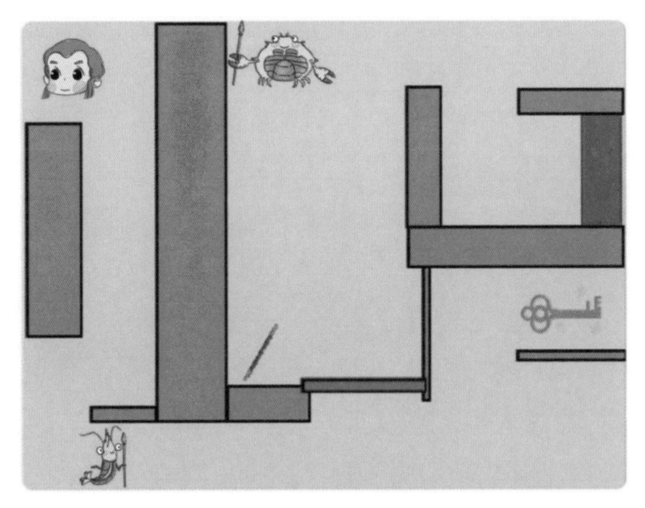

图 5-14 上传“蟹兵”和“虾将”两个角色

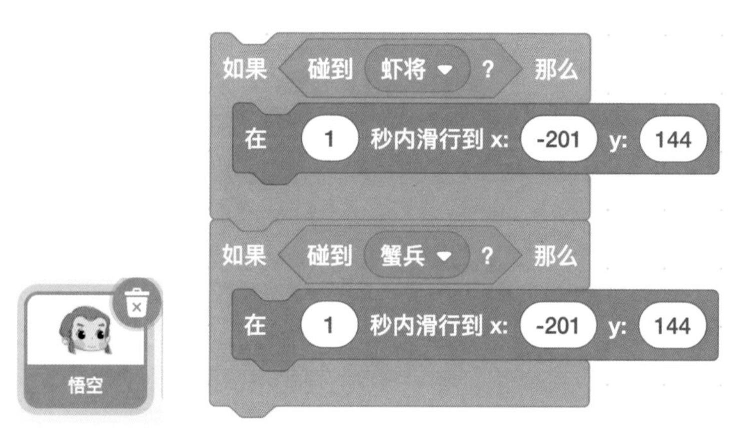

图 5-15　悟空碰到蟹兵和虾将时返回起点的脚本

“虾将”角色在舞台底部巡逻，其脚本如图 5-16 所示。

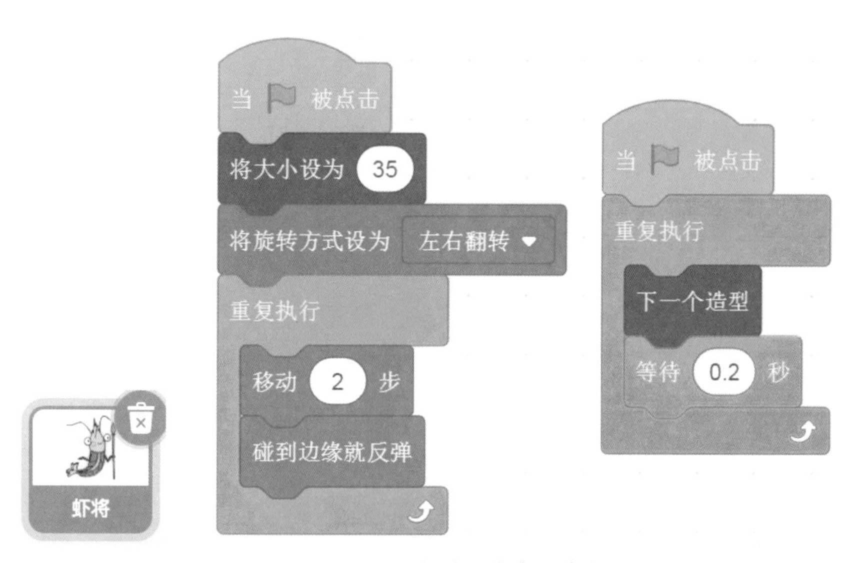

图 5-16　“虾将”角色的脚本

“蟹兵”角色先隐藏，等悟空拿到金箍棒时显示，并来回游弋巡逻，脚本如图 5-17 所示。

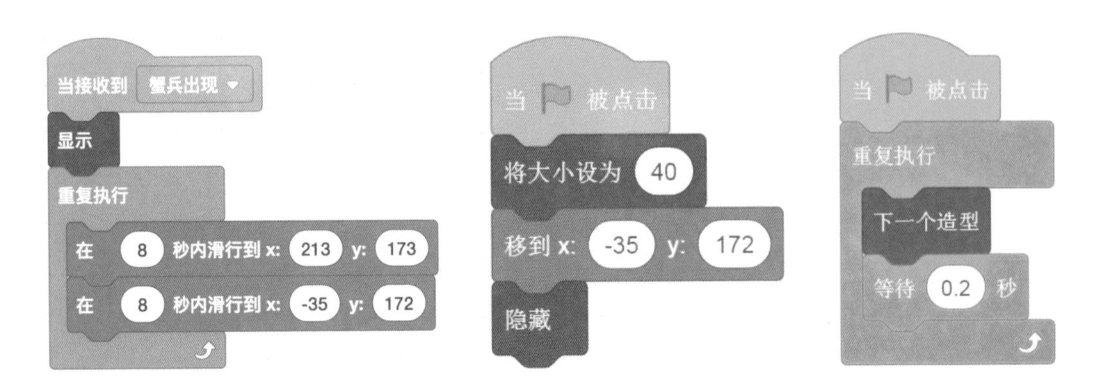

图 5-17 蟹兵来回游弋的脚本

通知“蟹兵”角色显示的广播是“悟空”角色碰到“金箍棒”角色时发出的。为了避免发生悟空仅仅碰到了金箍棒而未真正取得的情况，可以创建一个变量来判断悟空是否拿到了金箍棒。点击 变量 指令块里的 建立一个变量 按钮，在弹出的对话框中输入变量名称“计数”，如图 5-18 所示。

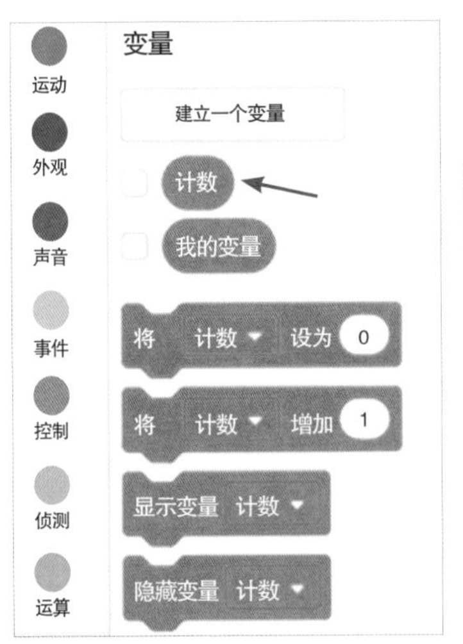

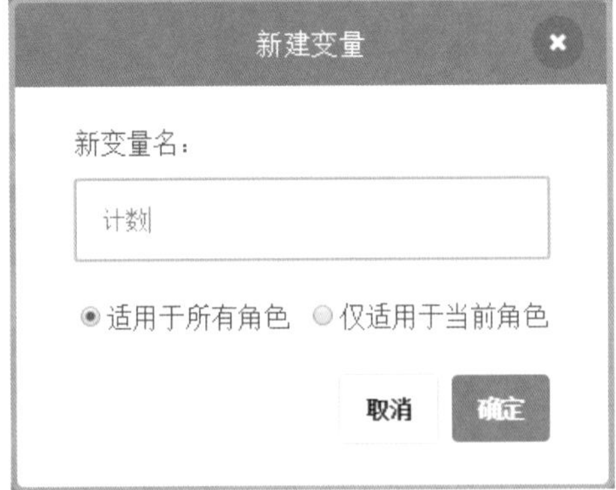

图 5-18 创建变量“计数”

可以将变量理解为一个存放东西的黑盒子，当新的东西放进去后，就会替换原来的东西。这里，当悟空拿到金箍棒时，变量“计数”增加 1，供后续判断使用。同时，通过不断改变颜色特效，金箍棒发出耀眼的光芒。如图 5–19 所示。

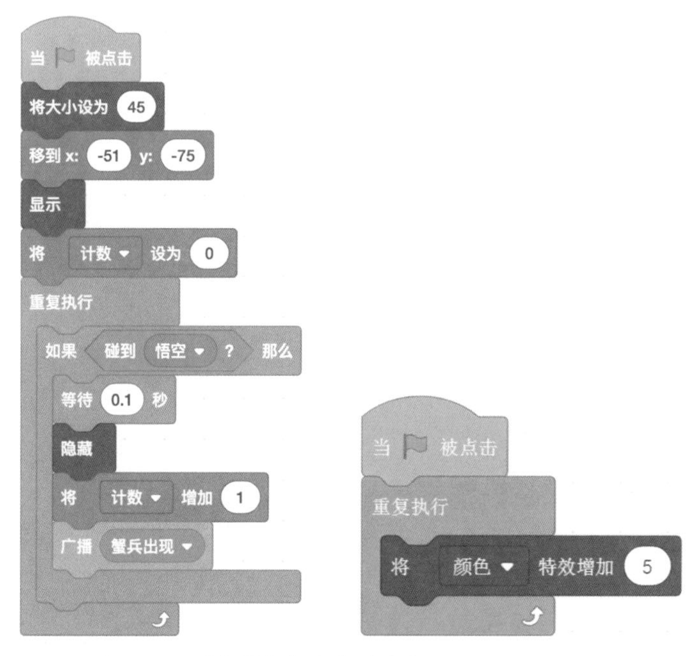

图 5–19 “金箍棒”角色的脚本

当悟空历尽艰险，顺利拿到宝贝兵器并到达终点时，我们需要判断悟空是否通关。而通关的条件有两个：一是悟空顺利拿到了金箍棒，二是悟空触碰了蓝色的龙宫出口。

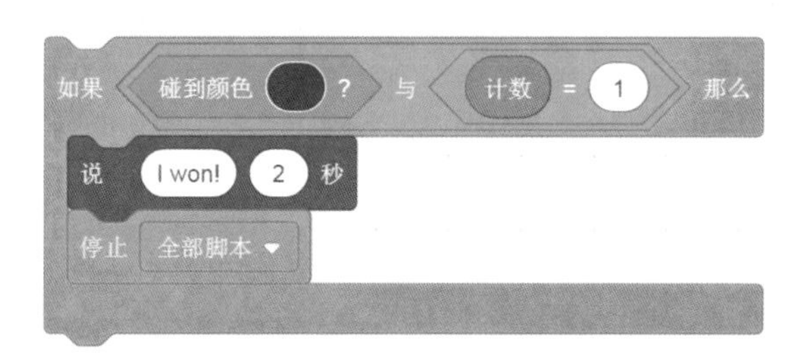

图 5–20 悟空通关的判断条件

判断这两个条件是否同时满足，需要用到 运算 指令类中的 与 指令块。“与”指令块表示只有运算符两边的条件都成立时，结果才为真。“或”指令块则表示只要运算符有一边的条件为真时，结果就为真。在本课中，只有悟空碰到蓝色并且计数变量为 1，也就是悟空拿到了金箍棒并到达出口时，才能继续执行下面的脚本。

根据以上分析，“悟空”角色的完整脚本如图 5-21 所示。

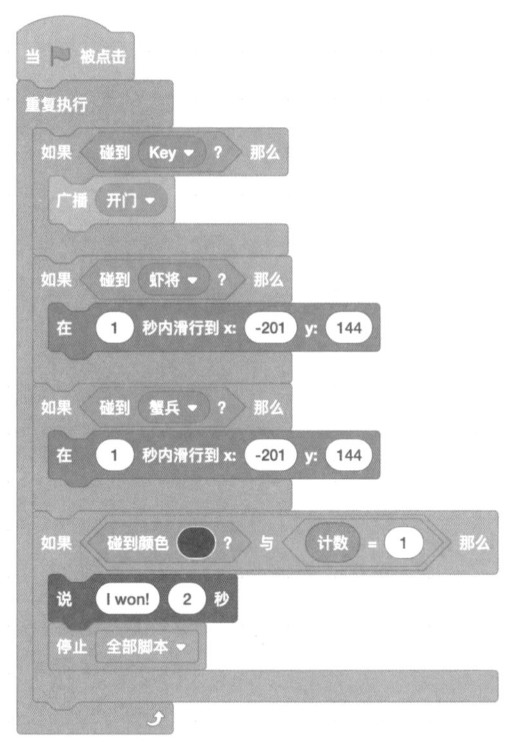

图 5-21 “悟空”角色的完整脚本

悟空拿到金箍棒并顺利闯出龙宫时的效果，如图 5-22 所示。

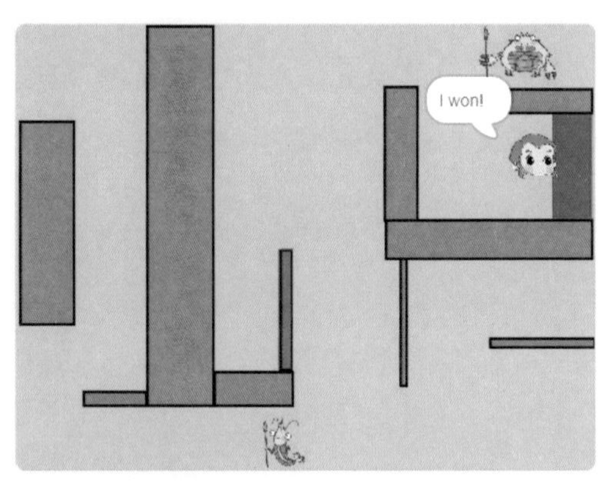

图 5-22 悟空闯出龙宫时的效果

悟空拿到心仪的宝贝兵器，闯出龙宫时一定很开心！你可以试着设计几个动作来表达悟空喜悦的心情。

4 拓展与提高

再绘制一幅龙宫地图，根据自己的创意设置不一样的关卡，让悟空继续勇闯龙宫寻找宝贝吧！

话说悟空从龙宫取得了称心如意的金箍棒，从此神通广大。可是，你知道悟空是如何让金箍棒随心所欲地变化吗？在本节课中，我们将一起学习角色的外观变化等操作。这些神奇的功能让你也可以变得和悟空一样神通广大。

第六课　如意金箍棒(一)

1 从本地文件夹中导入舞台背景及角色

首先从本地文件夹中导入“舞台背景”及“悟空”“金箍棒”角色。接着调整“悟空”“金箍棒”角色的位置，让它们处于舞台合适的地方。如果金箍棒遮住了悟空的脸部，可以尝试旋转金箍棒来调整。

图 6-1　从本地文件夹中导入舞台背景及角色

2 旋转角色造型

角色要怎么旋转呢？除了用脚本来实现外，还可以在角色编辑器中对造型进行旋转。点击角色的 造型 标签，在“位图”模式下使用 选择 工具选中“金箍棒”造型，就会出现一个蓝色的选择框，如图 6-2 所示，拖动蓝框下方的双向箭头可以旋转角色的造型。

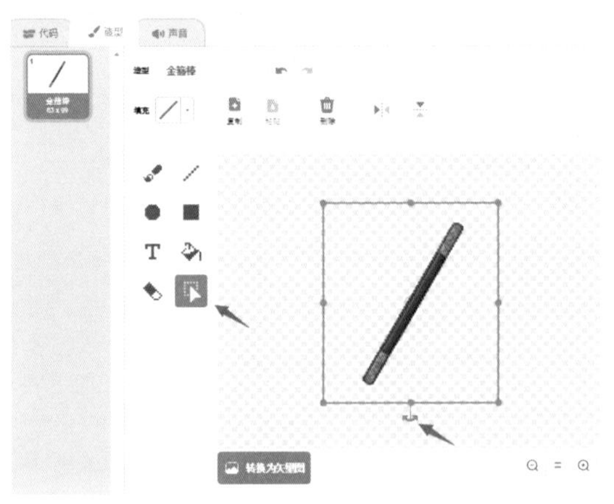

图 6-2　旋转角色造型

3 设置造型中心

旋转金箍棒前先设置角色造型的中心。在角色造型区有一个中心标志，将角色的旋转中心移至该标志位置即可。这样做的目的是让角色在旋转时以该位置为中心进行旋转。

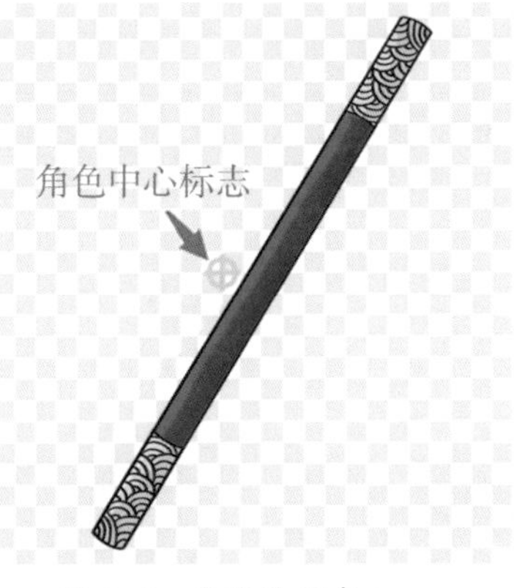

图 6-3 设置造型中心

亲身体验：从文具盒中拿出一支铅笔，以铅笔不同的位置为支点来旋转铅笔，观察铅笔每次转动时的效果。

将舞台中的金箍棒移动到悟空的手上。注意：金箍棒中心要与悟空手掌的中心位置一致。

编写脚本如图 6-4 所示。点击绿旗，测试金箍棒旋转时，中心是否在悟空的手掌心？如果不是，请调整金箍棒的中心位置。

图 6-4 测试旋转中心

4 让金箍棒旋转起来

旋转金箍棒可是悟空的拿手绝活。如果想用键盘上的向左、向右方向键分别来控制金箍棒的逆时针、顺时针旋转，并且每按方向键一次，金箍棒旋转一圈，那该如何编写程序呢？在 事件 指令类中的 当按下 空格 键 指令可以帮助实现。

思考：物体旋转一圈是 360 度，如果每次旋转 10 度，那么旋转一圈需要重复执行几次？

按下向左、向右方向键来实现旋转一圈的参考脚本如图 6–5 所示。

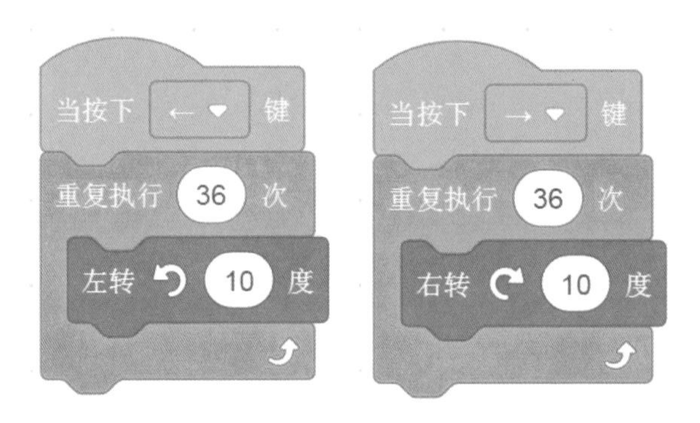

图 6–5 用向左、向右方向键控制角色旋转一圈

如果要调整旋转的速度，那该如何修改脚本？如图 6–6 所示的两段脚本都是让金箍棒旋转一圈，但是转速不一样。测试并思考：角色旋转的速度和哪些参数有关？

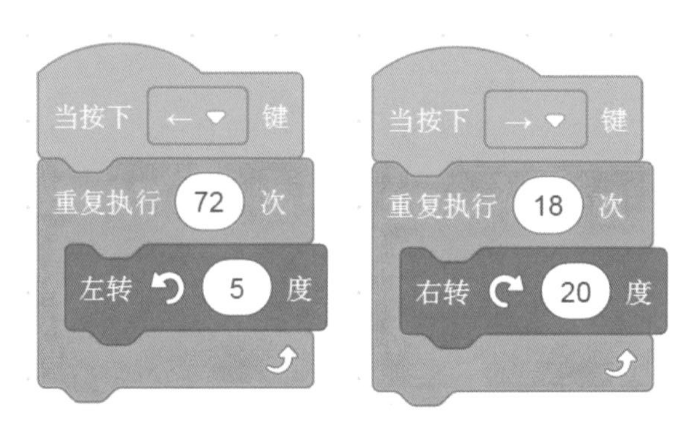

图 6–6 用脚本控制旋转的速度

5 让金箍棒自如地改变大小

悟空平时将金箍棒藏在耳朵中。当需要使用时，悟空会用魔法从耳朵中取出金箍棒，并把它放在手心中逐渐变大；当不使用时，悟空会用魔法将手中的金箍棒逐渐变小，然后放回耳朵中。下面，我们用编程来实现这个神奇的过程。

舞台上每增加一个新角色，都要对其进行初始化设置。从 运动 指令类中拖出指令 移到 x: 7 y: 10 ，从 外观 指令类中拖出指令 将大小设为 100 ，点击绿旗启动脚本，如图 6-7 所示。

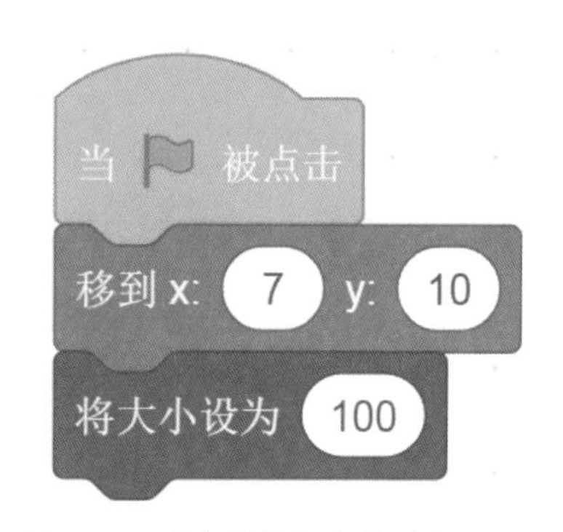

图 6-7 “金箍棒”角色的初始化

先让金箍棒在悟空的手心里慢慢变小。请出 外观 指令类下的指令块 将大小增加 10 ，你会发现该指令块与相邻的 将大小设为 100 非常相似。拖动这两个指令块到脚本区，分别点击指令块，观察角色的变化。

将大小增加 10 指令块里的数值（也叫参数）既可以是正数，也可以是负数。请分别输入 10 和 –10，然后执行程序，观察结果。

你会发现：参数为正，角色变大；参数为负，角色变小。要让金箍棒不断变小，就是要重复执行多次缩小角色的操作。假如参数为 –1，那么角色大小从 100 减少到 20，需要重复执行多少次呢？为了让变化的过程更直观，可以加入 0.05 秒的等待时间，如图 6-8 所示。

点击 ，运行程序，查看我们之前的想法实现了吗？

现在，我们让金箍棒移动到悟空的耳边后消失。拖动金箍棒至悟空耳朵边，使用运动指令类下的 在 1 秒内滑行到 x: 85 y: -42 来确定“金箍棒”角色新的坐标位置，并且让其在指定的时间内平移过去。注意：增加一些等待时间，以便我们能看清“金箍棒”角色的每一个动作。最后“金箍棒”角色隐藏，表示金箍棒已被放进了悟空的耳朵中。为了防止金箍棒被悟空遮挡或程序被再次执行时金箍棒无法显示，可在脚本前增加 显示 和 移到最 前面 两个指令块，如图 6-9 所示。

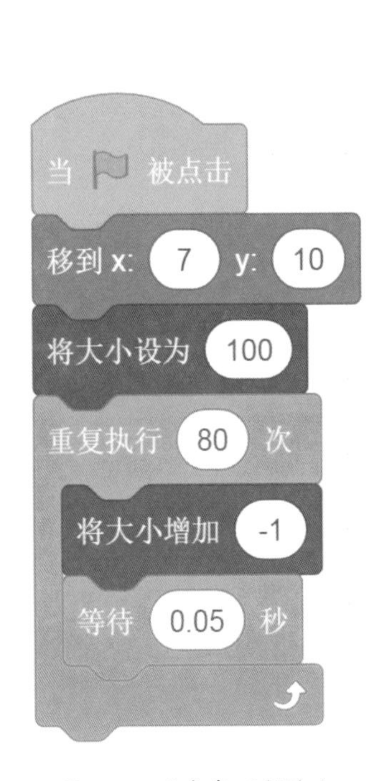

图 6-8　让角色不断缩小

图 6-9　把金箍棒藏在悟空耳朵里

悟空再次使用金箍棒时，会从耳中掏出并放在手上，然后金箍棒慢慢变大。该过程和上述过程刚好相反，请你试着编写相应的脚本。

你也可以在金箍棒变化的脚本前面加入 说 你好！ 2 秒 指令块让角色说话，这样会更有意思。

图 6-10 缩放金箍棒的完整脚本

完成脚本编写后，将作品命名为“如意金箍棒 01.sb3”，保存到指定文件夹中。

6 拓展与提高

小叶同学觉得本课中的金箍棒会“说话”不合理，他想让悟空说完“变！”后金箍棒才开始变化。但是，小叶同学编写好程序并运行后，发现“变！”出现在悟空的头顶，你能帮助他把“变！”出现在嘴边吗？

悟空除了可以让自己的宝贝金箍棒旋转和改变大小外，还可以让金箍棒缓慢消失或出现，甚至变出无数根金箍棒，以助自己降妖除魔。

第七课　如意金箍棒（二）

1 导入舞台背景和角色

从电脑中上传之前保存的“如意金箍棒01.sb3”文件，但要删除“金箍棒”角色的脚本。方法是：在需要删除的脚本上单击鼠标右键选择“删除”，或将脚本拖动到指令积木区。

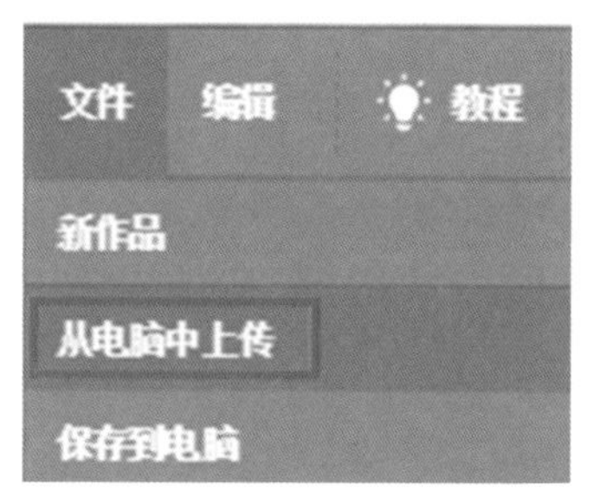

图 7-1　从电脑中上传文件

图 7-2　右击法删除脚本

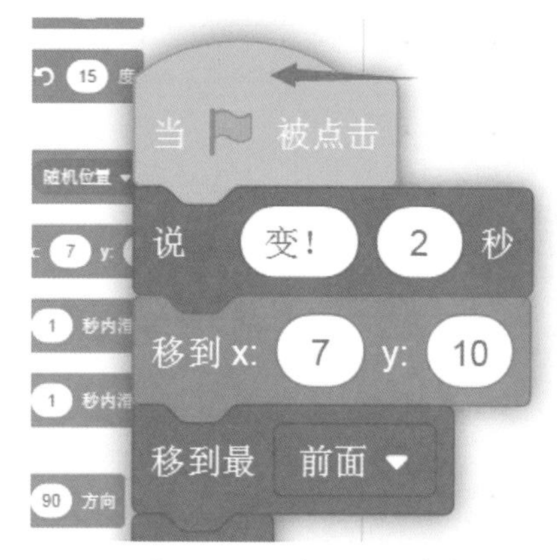

图 7-3　拖动法删除脚本

2 让金箍棒随意显示或消失

外观 指令类下的 将 颜色 特效增加 25 指令块可以帮助实现角色渐隐渐现的效果。选择“金箍棒”角色，先把 将 虚像 特效设定为 0 指令块拖到脚本区并更改“颜色”为“虚像”后，单击该指令块，观察金箍棒的变化；然后将指令块中的数值参数分别改为“50”“80”“100”，单击该指令块观察金箍棒的变化。你发现规律了吗？当数值参数从“0”逐渐增大到“100”时，“金箍棒”角色逐渐消失；当数值参数从“100”逐渐减小到“0”时，“金箍棒”角色逐渐显现。那么，结合上节课学习过的知识，我们就可以编写相应脚本，实现金箍棒渐隐渐显的效果了，参考脚本如图 7-4 所示。

图 7-4 让金箍棒渐隐渐显

温馨提醒：如果程序涉及要改变图形特效的脚本，最好在脚本前面加上 清除图形特效 指令块。

将 将 马赛克 特效增加 25 指令块中的数值参数依次设定为“5”“15”“25”“35”，单击后观察金箍棒的变化。测试结束后别忘了用 清除图形特效 指令块恢复图形。现在，你知道如何编写脚本实现金箍棒随意变多或变少的效果了吗？为了和前面的脚本有所区别，在这段脚本中，我们选择用 事件 指令类下的 当按下 空格 键 来启动。

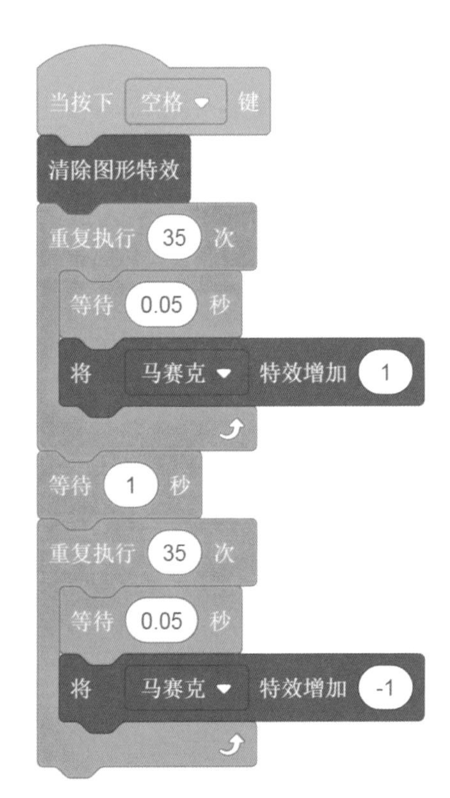

图 7-5 让金箍棒变多或变少

4 让金箍棒不断改变颜色

悟空的金箍棒还有一个神奇的功能，就是能不断变换各种颜色。要实现这种效果，那就要用到图形特效里的 将 颜色▼ 特效增加 25 指令块了。例如：要让金箍棒在缓慢变大或变小的同时不断改变颜色，只需编写如图 7–6 所示的脚本即可。在这段程序中，用上移键来启动程序。

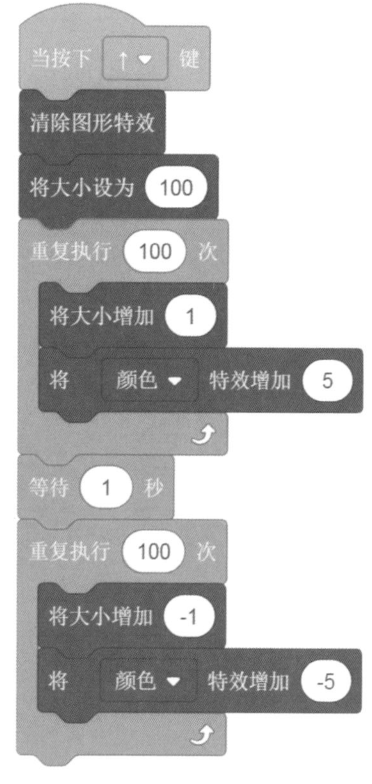

图 7–6　让金箍棒不断改变颜色

5 拓展与提高

1. 如何让金箍棒先慢慢变小至消失，等待 1 秒后再慢慢变大而显现？请尝试修改程序。

2. 悟空想把金箍棒变成捉妖绳，如图 7–7 所示，请帮助悟空实现该功能。

图 7–7　金箍棒变捉妖绳

嘴馋的悟空听说天宫正在举行蟠桃会，也想去尝尝鲜。你知道悟空是怎样吃到那些蟠桃的吗？这节课我们就用 Scratch 帮助悟空来实现！

第八课　偷吃蟠桃

1 从本地文件夹中上传舞台背景及“蟠桃”角色

从本地文件夹中导入蟠桃园图片作为舞台的背景，导入蟠桃图片作为一个新角色。蟠桃树上长着大大小小不同的蟠桃，可以通过 外观 指令类下的 将大小设为 35 指令块将蟠桃设置成合适的大小。

图 8-1　从本地文件夹中导入舞台和“蟠桃”角色

选中角色区中的“蟠桃”角色，点击右键选择“复制”，舞台上出现一颗新的蟠桃，将其拖动到合适的位置。用同样的方法连续复制 9 颗相同的蟠桃，并依次摆放在不同的树上。

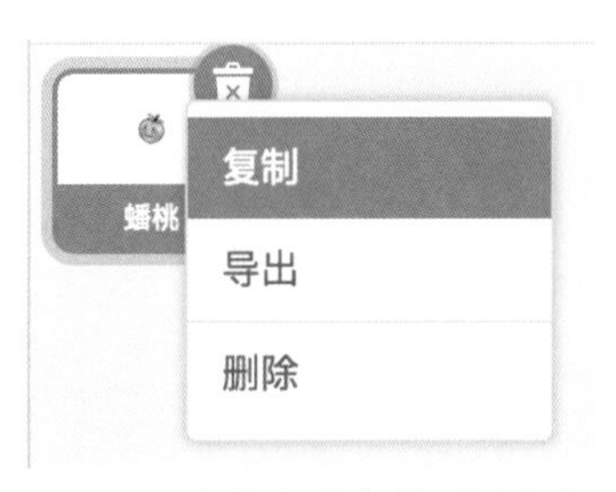

图 8-2　点击右键复制“蟠桃”角色

图 8-3　复制 9 个“蟠桃”角色

现在，舞台上总共有 10 颗蟠桃。如果你想在树上放置更多的蟠桃，可以将蟠桃缩小一些。接下来，偷吃蟠桃的主角——悟空就要登场了！

2 导入“悟空”角色并编写脚本

从本地文件夹中导入“悟空”角色，并进行初始化。

图 8-4 导入“悟空”角色

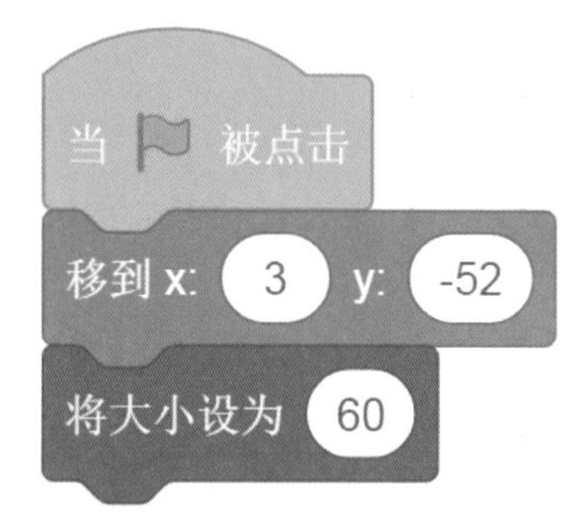

图 8-5 设置“悟空”角色的初始位置和大小

要让悟空顺利偷吃到蟠桃，首先得让“悟空”角色在舞台上随意移动，可以用键盘上的“上、下、左、右”键来控制。

编写好用“上移键”控制“悟空”角色向上（即 0 度方向）移动 10 步的脚本后，鼠标移向脚本最上面的指令块，单击鼠标右键连续复制三个相同的脚本，然后依次修改面向方向。

图 8-6　复制脚本

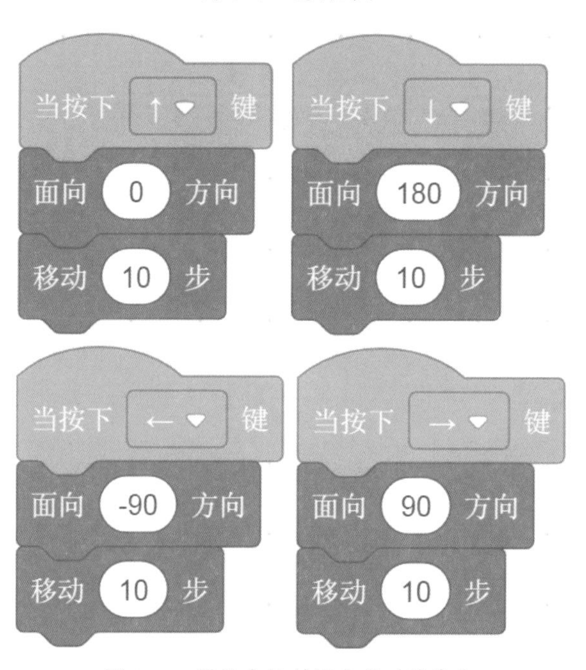

图 8-7　用键盘控制悟空移动的脚本

用键盘控制悟空移动的脚本编写好后，测试程序。咦，悟空移动时怎么翻转过来啦？

图 8-8　悟空移动时的状态

请点击角色信息面板中的“方向”按钮，再点击“左右翻转”按钮，再次测试，查看问题是否顺利解决了？

图 8-9　角色的信息面板

此外，你还能从该面板中获得当前角色的名称、位置坐标、大小、是否显示等信息。“悟空”角色的面向方向也可以通过造型面板中的“水平翻转”按钮来调整。

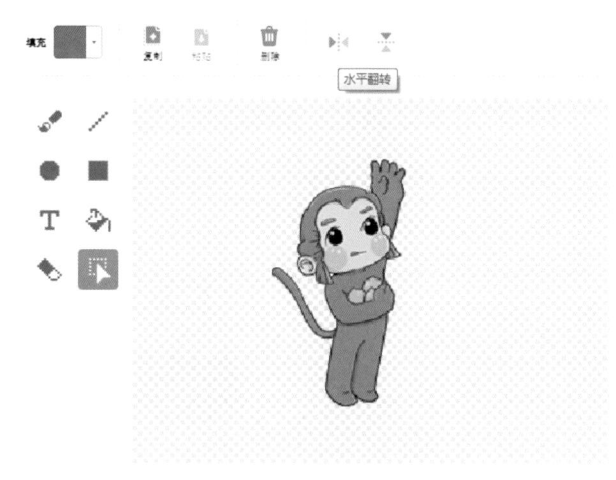

图 8-10　角色造型的翻转

3 编写摘桃积分的脚本

游戏中的积分用来表示我们在游戏中获取的成绩。如果悟空每摘取一颗蟠桃，就能收获一个积分，那该如何编写脚本呢？我们分析所得：当悟空在移动中碰到蟠桃时，蟠桃隐藏，表示被悟空摘走了，同时积分增加 1。新建变量“积分”，默认设置为“适用于所有角色”。

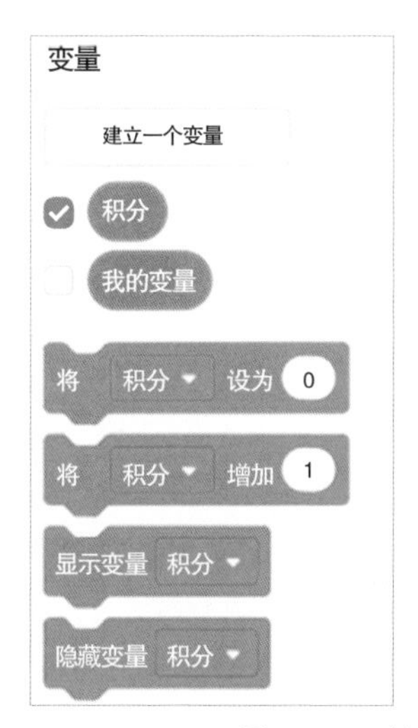

图 8-11　新建变量“积分”

变量“积分”创建成功之后，该选项下多出了一些指令块，如初始化指令块 将 积分 设为 0 、增减变量值指令块 将 积分 增加 1 等。

其中，勾选 积分 表示变量“积分”会显示在舞台上，否则变量“积分”隐藏。双击舞台上的 积分 0 ，会出现积分的另外两种显示方式，可以根据程序的需要来选择。

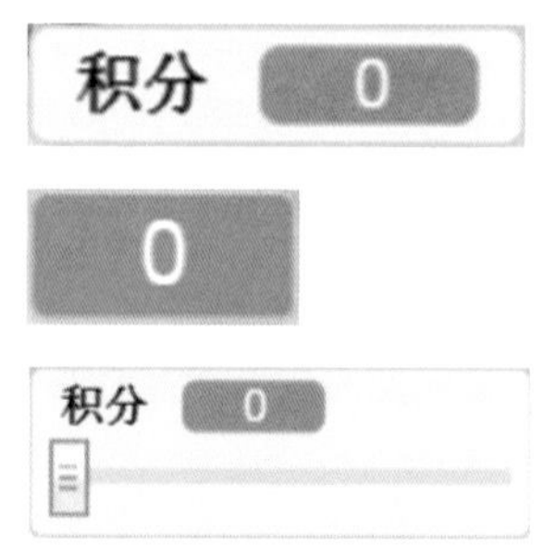

图 8-12 变量的三种显示方式

在每个“蟠桃”角色的脚本中加入一个判断条件。如果蟠桃碰到了悟空，那么蟠桃隐藏，同时游戏中的变量“积分”增加 1。可用 侦测 指令类下的 碰到 摘桃悟空 ? 指令和 控制 指令类下的“如果……那么……”指令来实现。其中，“如果”后面跟着的那个积木凹槽里放入的就是要满足的条件。程序脚本如图 8-13 所示。

点击 ，查看悟空能成功摘到几颗蟠桃?

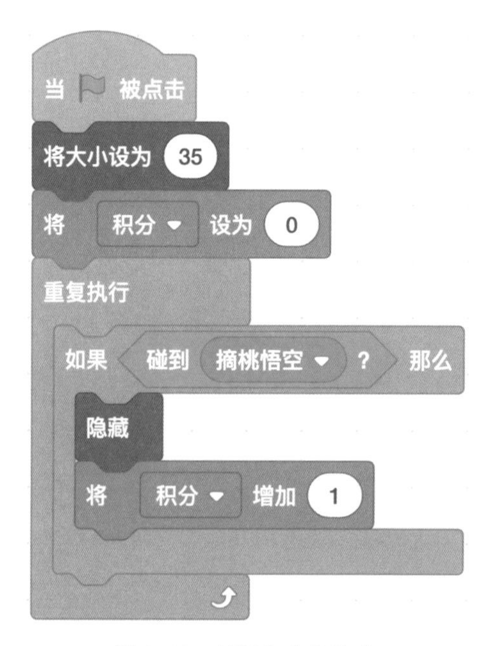

图 8-13 摘桃积分的脚本

程序测试后发现，悟空摘到蟠桃后，游戏积分值为 1。再次执行程序，“蟠桃”角色消失不见了。这是为什么？原来我们只针对第一颗蟠桃编写了悟空摘桃的积分脚本，并且没有在脚本中加入角色显示的指令块。积分脚本修改后如图 8–14 所示。

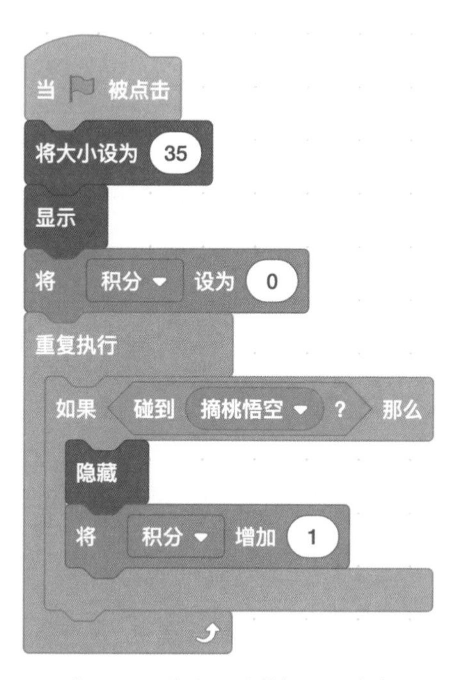

图 8–14　修改后的摘桃积分脚本

为了让悟空摘桃的动作更形象,可以给“悟空”角色增加一个新的造型“摘桃 1”。

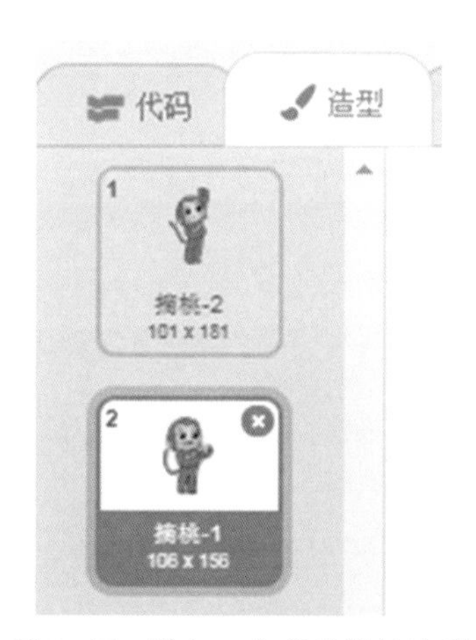

图 8–15　增加一个新的摘桃造型

当树上的蟠桃被悟空摘到时，发送广播给“悟空”角色，让其切换造型。注意：程序执行时，先让角色造型完成初始化设置。

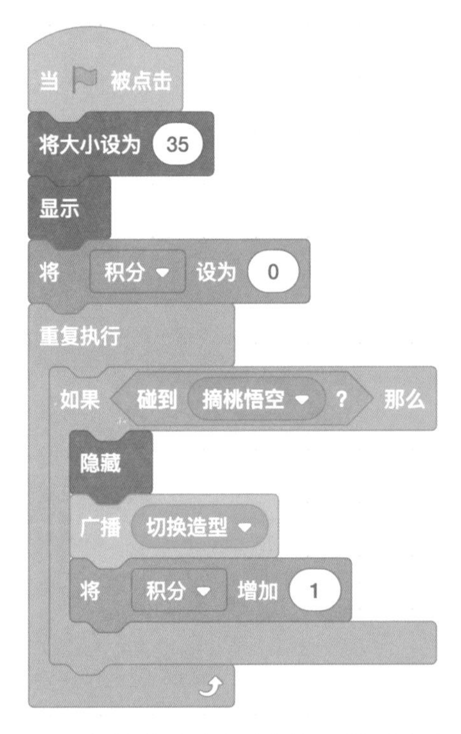

图 8-16 “蟠桃”角色发送广播给“悟空”角色

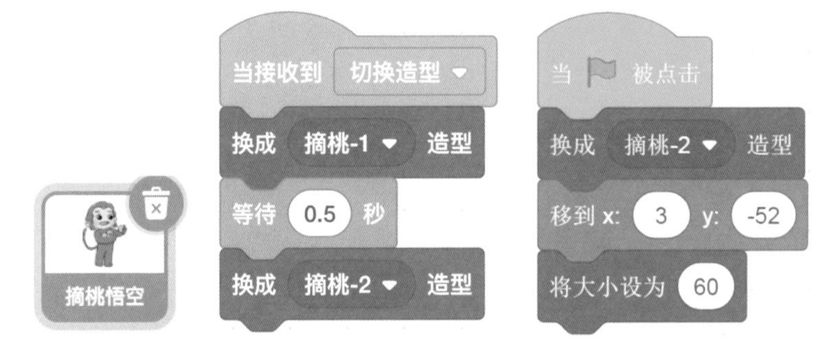

图 8-17 “悟空”角色收到广播后切换造型

在该作品中，由于每个“蟠桃”角色执行的功能相同，所以脚本也相同。电脑最擅长的就是做重复的事情了。把第一个“蟠桃”角色的脚本从脚本区拖动到角色区中第二个“蟠桃”角色的上面，等出现摇晃时松开鼠标，这样就完成了复制。用同样的方法复制其他“蟠桃”角色的脚本。

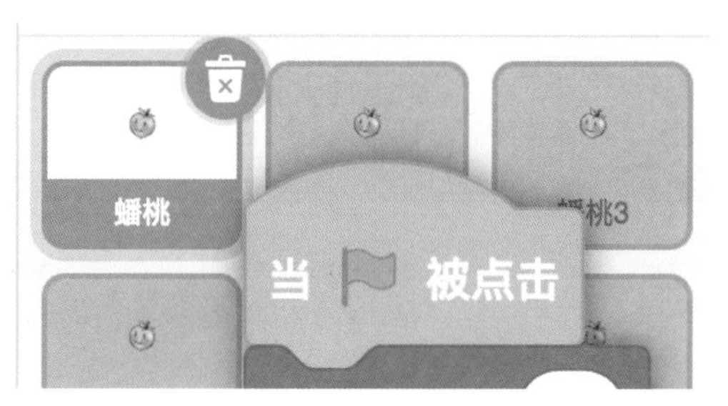

图 8-18　复制“蟠桃”角色的脚本

点击绿旗运行程序，用键盘控制悟空移动和摘蟠桃。当所有蟠桃都被摘完后，看看游戏积分是多少？再次点击绿旗，是不是所有的蟠桃又都挂在树上了？

图 8-19　摘完蟠桃后的积分

想不想让作品更具挑战性？试一试：给悟空限定一个时间，当超过这个时间，悟空就不能再摘蟠桃了！

4 给程序增加计时功能

Scratch3.0 软件中的 侦测 指令类下有一个 计时器 选项。在该选项前的方框里打上“√”，观察舞台上的“计时器窗口”有什么变化？双击 计时器归零 指令块，再次观察“计时器窗口”，看看是否出现了新的变化？

图 8-20 计时相关指令

图 8-21 舞台上显示的计时器

计时器在程序执行后就开始工作。当执行 计时器归零 指令时，假设在程序开始执行后悟空摘桃的时间是 9 秒钟，那么超过 9 秒程序立即结束。这里我们需要用到 控制 指令类下的 等待 指令，只有六角形凹槽里的条件满足时，该指令块下面的脚本才会继续执行。六角形凹槽里放置的条件判断可以用 计时器 > 9 来表示，其中 运算 指令类中的 > 9 指令块用来比较数值大小。当计时器显示超过 9 秒时，使用 控制 指令类下的 停止 全部脚本 终止程序运行，脚本如图 8-22 所示。

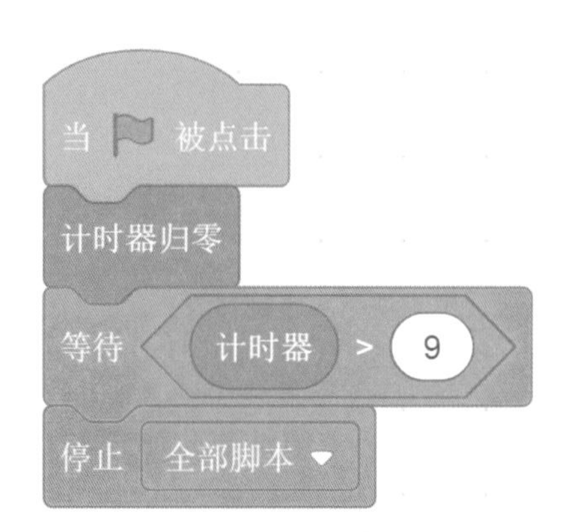

图 8-22 计时脚本

5 拓展与提高

作品中的蟠桃可以有不同的作用，比如：摘了有些蟠桃，积分增加；摘了有些蟠桃，积分被扣；甚至摘到有些蟠桃吃了之后，悟空会中毒。可以用不同的颜色来区分不同作用的蟠桃。试着修改一下程序，让作品更有意思。

悟空偷摘了很多蟠桃，心里想着花果山的众多小猴从没尝过蟠桃的滋味，于是施法将蟠桃撒向了自己的领地——花果山。小猴们开心极了，又蹦又跳地在花果山下接蟠桃。但是蟠桃掉在地上会消失，并且有些蟠桃没有成熟，甚至有的还有毒。小猴们要小心选择能吃的蟠桃。让我们一起来帮助小猴接蟠桃吧！

第九课　小猴接桃（一）

1 从本地文件夹中导入舞台背景和角色

先导入花果山图片作为舞台背景，然后依次导入“小猴”“桃 1”两个角色，并调整其大小，放在合适的位置，如图 9-1 所示。

图 9-1　导入舞台背景及角色

2 为“小猴”角色编写脚本

小猴在舞台底部水平移动接蟠桃。将“小猴”角色的 y 坐标值固定为 –130，x 坐标值和鼠标的 x 坐标值保持一致，如图 9–2 所示。其中，“鼠标的 x 坐标”在“侦测”指令类中可找到，如图 9–3 所示。

图 9-2　固定“小猴”角色的 y 坐标值

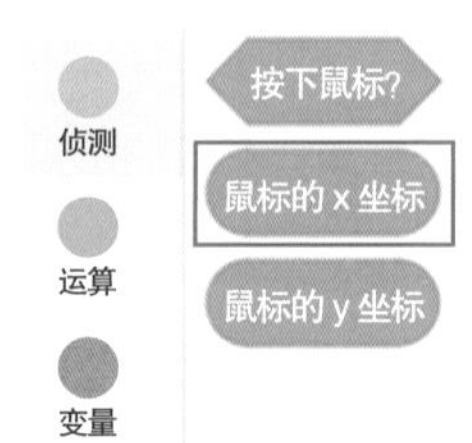

图 9-3　鼠标的 x 坐标

为了更好地模拟小猴接蟠桃的效果，可以通过判断“小猴”角色的 x 坐标值来改变角色造型的朝向。“如果……那么……否则……”指令块可以在“控制”指令类中找到。当条件满足时，执行第一个凹槽中的“指令 1”；当条件不满足时，执行第二个凹槽中的“指令 2”。

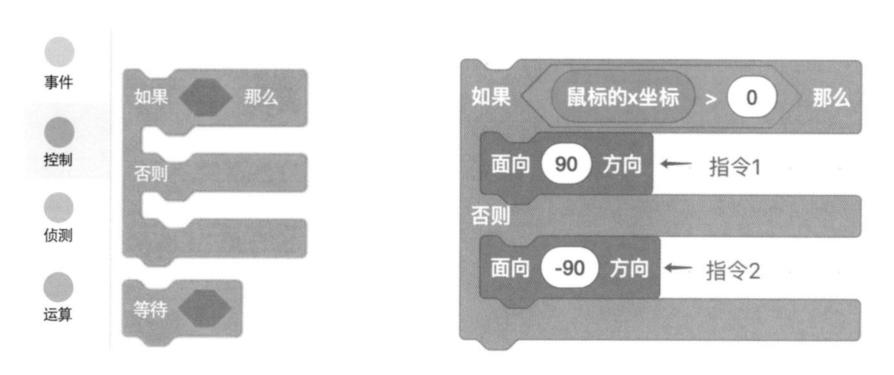

图 9-4　“如果……那么……否则……”条件判断

为了让作品中的小猴形象更生动，导入小猴的第二个造型“小猴 -2”，并且让两个造型间隔一定的时间进行切换，脚本如图 9-5 所示。

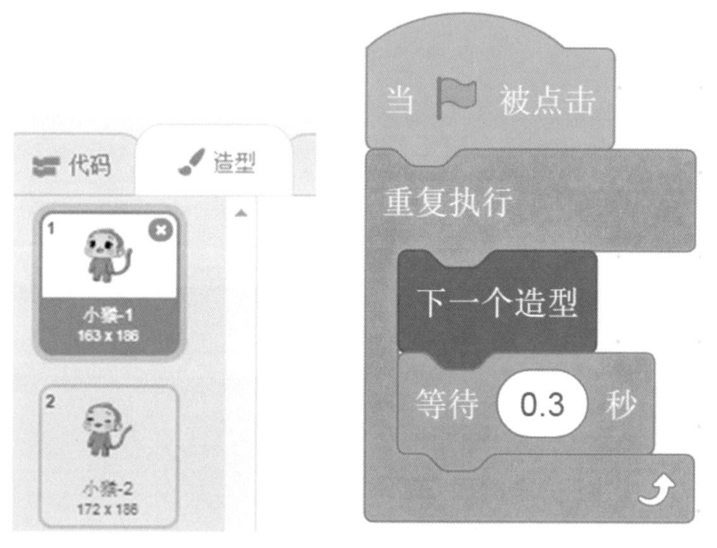

图 9-5　切换小猴的造型

小猴在舞台底部跟随鼠标水平移动，完整的脚本如图 9–6 所示。

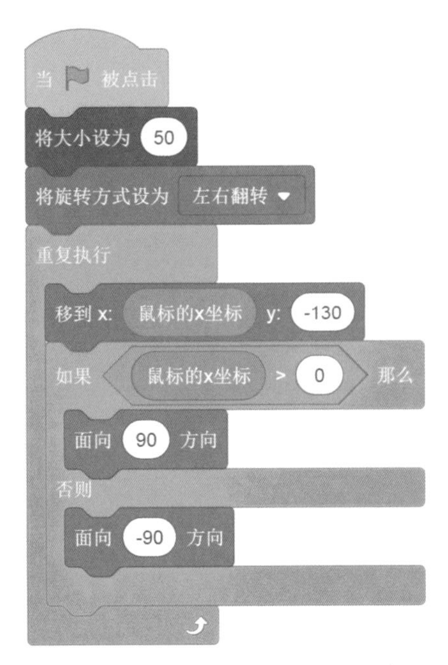

图 9–6　小猴子跟随鼠标水平移动的脚本

3 编写“蟠桃”角色的脚本

蟠桃要从舞台的上方落下来，首先得让“蟠桃”角色显示在舞台的最上方。其中，角色的 y 坐标值固定为 180，x 坐标值则可以取 –200 至 200 之间的随机数，如图 9–7 所示。想一想：角色的 x 坐标值为什么不取 –240 至 240 之间的随机数？

图 9–7　“蟠桃”角色的坐标

蟠桃是从舞台上方落下来的，所以在脚本中先要确定下落的方向，然后移动一定的步数。可以使用重复执行一定次数的移动步数来实现。如果重复执行 36 次“移动 10 步”，那么总共移动 360 步，而舞台的高度恰好是 360，刚好保证蟠桃落在舞台下方。改变移动的步数及重复执行的次数，可以调整蟠桃下落的速度，但须保证两者相乘的结果还是 360。本课中的蟠桃不需要落到舞台最下方，落到草地上即会消失，所以只需要重复执行 30 次“移动 10 步”，脚本如图 9–8 所示。

图 9-8 蟠桃落到草地的脚本

蟠桃下落到草地时，若没有被小猴接到，则会消失（隐藏）。重复执行让“蟠桃”角色显示、然后下落的操作，完整的脚本如图 9-9 所示。

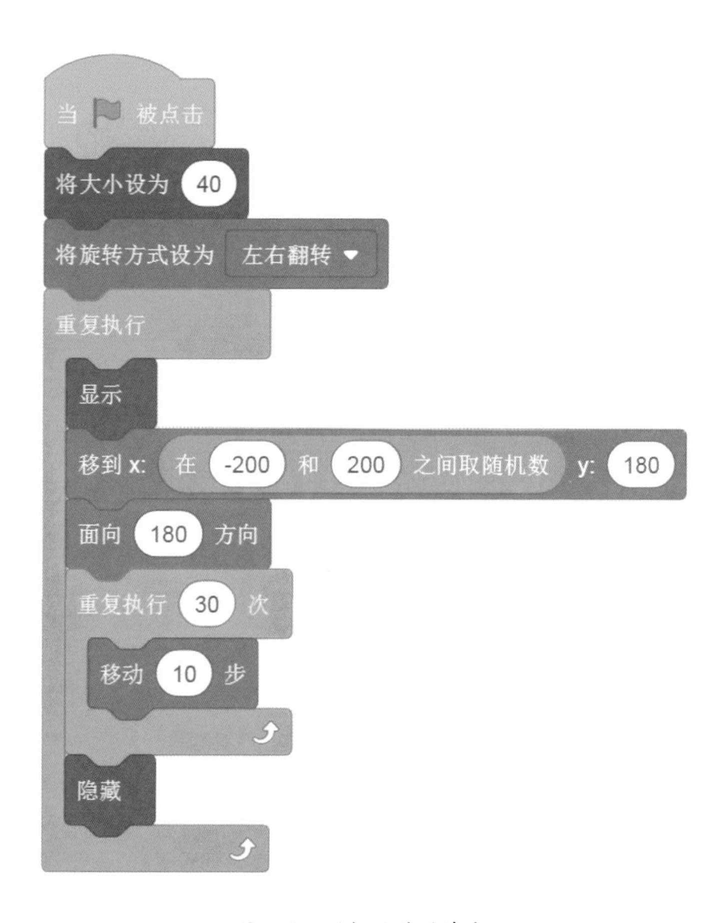

图 9-9 蟠桃下落的脚本

4 增加更多的蟠桃，让作品变得更有趣

从本地文件夹中上传更多的“蟠桃”角色。其中，“桃 7”和“桃 8”的颜色与其他蟠桃不同。绿色的蟠桃代表还不成熟，小猴接到后会扣除一定的分数；灰色的蟠桃代表有毒，小猴接到后游戏立即结束。

图 9-10 上传更多的“蟠桃”角色

```
当 🏁 被点击
将大小设为 (40)
将旋转方式设为 [左右翻转 ▼]
隐藏
等待 (在 (1) 和 (8) 之间取随机数) 秒
重复执行
    显示
    移到 x: (在 (-200) 和 (200) 之间取随机数) y: (180)
    面向 (180) 方向
    重复执行 (30) 次
        移动 (10) 步
    隐藏
```

图 9-11 “蟠桃”角色的完整脚本

将“桃 1”的脚本复制给其他“蟠桃”角色。点击绿旗运行程序，我们会发现所有蟠桃同时下落，这是因为它们具有相同的脚本。解决方法：在每个“蟠桃”角色脚本的重复执行指令块前加上一段随机的等待时间。

再次运行，又出现了一个奇怪的现象：大部分蟠桃都要在舞台上停留一会儿才开始下落。解决办法：在每个“蟠桃”角色的等待时间脚本前增加“隐藏”指令。

悟空向花果山撒下很多蟠桃，小猴们争先恐后，都想接住最多数量的蟠桃。这节课，请你帮助小猴数一数它们接到多少蟠桃吧！

第十课　小猴接桃（二）

1 用变量来统计成绩

从电脑中上传上节课的作品，创建一个新的变量“分数”，用于记录游戏成绩。

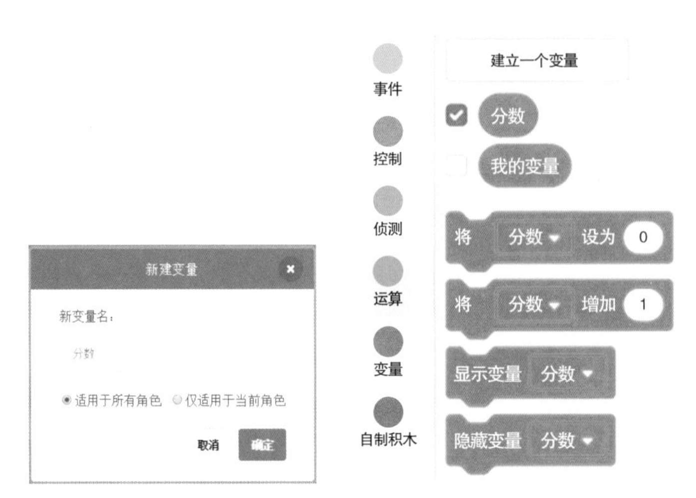

图 10-1　创建变量“分数”

变量“分数”根据小猴接到蟠桃的情况进行计数，设置其初始值为 0。当小猴接到正常颜色的蟠桃时，蟠桃隐藏，等待 0.1 秒后，变量“分数”加 1。这里增加“等待 0.1 秒”的原因是防止程序执行过快导致重复计数。正常颜色蟠桃的脚本都一样，只需复制即可。

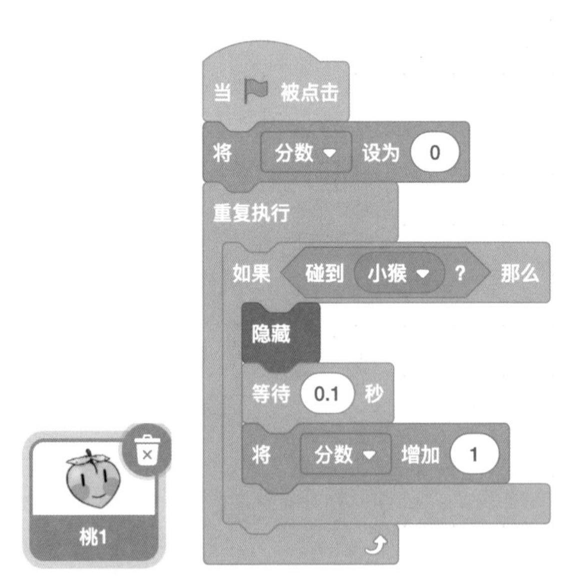

图 10-2　正常蟠桃的积分脚本

小猴接到绿色的蟠桃时，变量“分数”减 1；小猴接到灰色的蟠桃时，游戏结束。

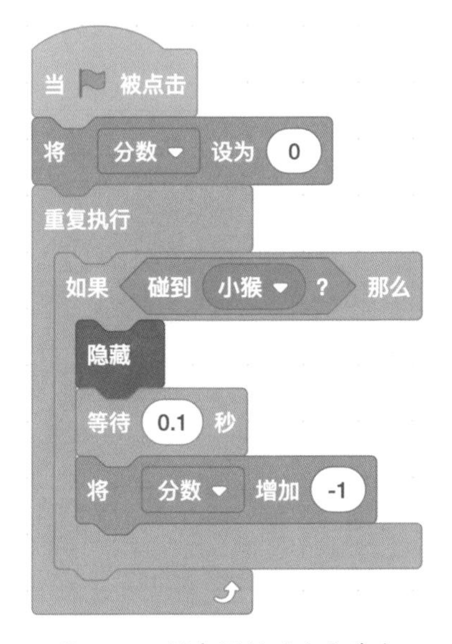

图 10-3 绿色蟠桃的积分脚本

图 10-4 灰色蟠桃的积分脚本

2 给作品增加难度和意外惊喜

游戏作品的魅力在于偶然性和不确定性。如果游戏中的情境不是一成不变的，那就更吸引人。例如在变量“分数”分别为 5、10、15 等数值时，“小猴”角色突然变大并持续 1—2 秒钟的时间，同时颜色发生变化，这样是不是会更有趣？为了实现这一效果，我们将分别用到变量 分数 及运算指令类下的 ( ) = 50 、 ( ) 或 ( ) 指令块。其中，逻辑“或”运算表示运算符两边的条件只要满足一个，就可以执行下面的语句。逻辑“或”运算可以嵌套使用，让更多的值参与比较。

完整的脚本如图 10-5 所示。

```
当 ⚑ 被点击
重复执行
    如果 <<(分数) = (5)> 或 <<(分数) = (10)> 或 <(分数) = (15)>>> 那么
        将 [颜色 ▾] 特效增加 (25)
        将大小增加 (30)
        等待 (在 (1) 和 (2) 之间取随机数) 秒
        将 [颜色 ▾] 特效增加 (-25)
        将大小增加 (-30)
```

图 10-5　根据“分数”值改变角色外观的脚本

当游戏分数分别达到 5、10、15 时，“小猴”角色会突然变大，并改变颜色，这样很容易碰到灰色的蟠桃而导致游戏结束。

图 10-6　“分数”满足条件时的效果

设计一个法宝——小星星，能从舞台上方随时飞速下落。如果小猴幸运地接到了这个法宝，就可以一次性增加较多的分数，脚本如图 10–7 所示。

当 🏳 被点击
隐藏
重复执行
等待 在 5 和 10 之间取随机数 秒
显示
移到 x: 在 -200 和 200 之间取随机数 y: 180
面向 180 方向
重复执行 24 次
移动 15 步
隐藏

当 🏳 被点击
将大小设为 50
重复执行
将 颜色 特效增加 25
等待 0.2 秒

图 10–7　小星星下落时的脚本

与蟠桃下落时相比，小星星下落时的等待时间更长，下落速度更快。当小星星被小猴接到后，可一次性增加 5 分，脚本如图 10–8 所示。

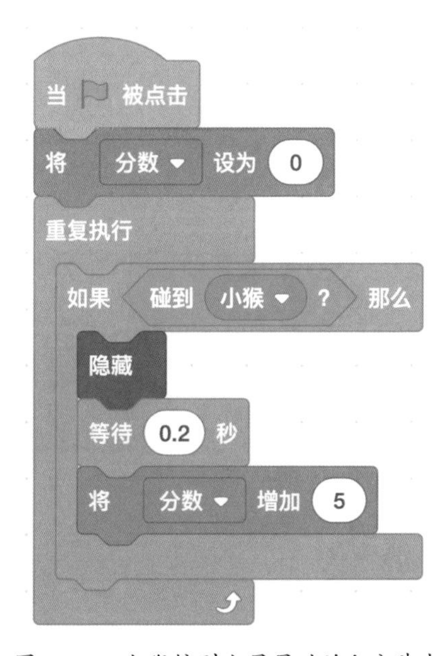

图 10–8　小猴接到小星星时的积分脚本

3 编写游戏最终获胜或失败时的脚本

绘制两个新的角色“win”和“lost”，用文字输入工具“T”分别写上“YOU WIN”“GAME OVER”。当游戏胜利或失败时，就让它们显示在舞台上。

图 10-9 绘制游戏状态，提示文字角色

游戏开始时，“win”和“lost”角色先隐藏，当满足相应的条件时，再显示。修改灰色“蟠桃”角色的脚本，让其碰到“小猴”角色时发出广播“lost”；当变量“分数”大于 50 时，发出广播“win”。根据广播，“win”和“lost”角色显示。

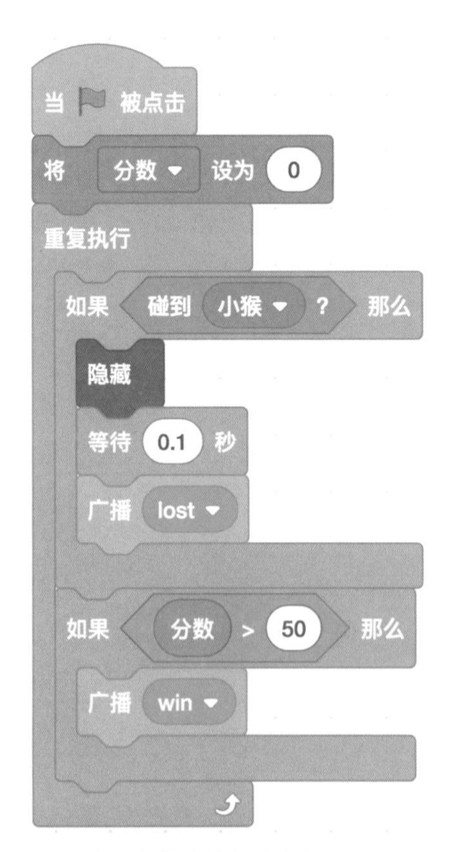

图 10-10 游戏胜负条件判断的脚本

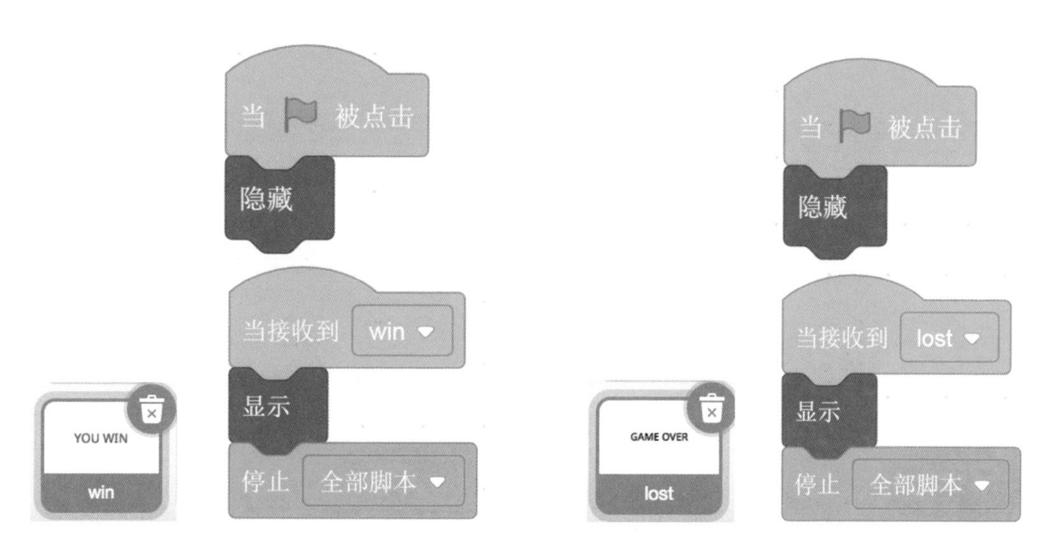

图 10-11　游戏胜负角色的脚本

4 拓展与提高

修改程序，实现以下功能：当变量“分数”为 5 的倍数时，“小猴”角色会改变大小和颜色。

玉皇大帝得知悟空偷吃蟠桃后，派了很多天兵天将来缉拿悟空。于是，悟空与众多天兵天将展开了一场生死大战。

第十一课 大闹天宫

1 设置屏幕滚动播放的效果

在作品中设置屏幕滚动播放来实现悟空及天兵天将在空中飞行的效果。通过前面的学习，我们知道舞台背景是不能移动的，但可以把背景图片设置为角色，让两张相同的背景图片在舞台上交替移动，以模拟实现屏幕滚动播放的效果。

将处理过的“天宫 1”图片作为角色导入舞台。设置图片大小为 480×360 像素，和舞台背景大小保持一致，并调整至与舞台背景完全重合，如图 11-1 所示。

图 11-1 图片和舞台背景完全重合

编写脚本，运行后发现：角色并不能完全移出舞台，角色区显示其 x 坐标值为 -480，如图 11-2 所示。

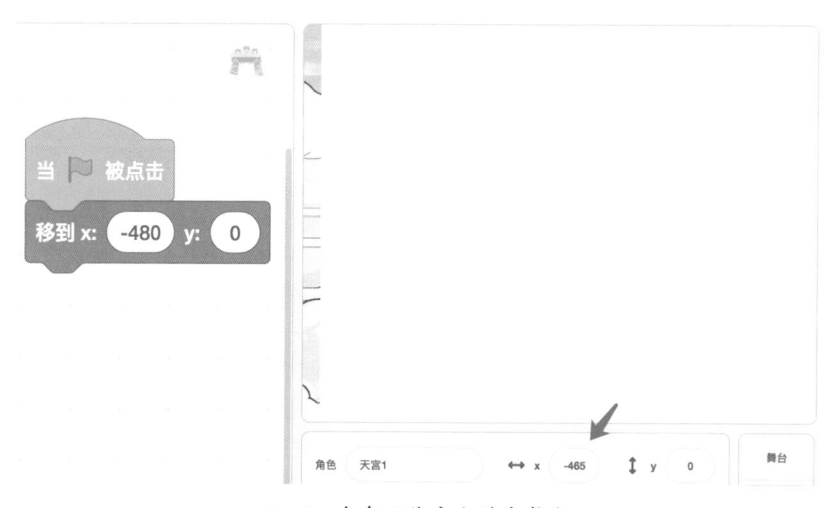

11-2 角色不能完全移出舞台

教你一招：在角色造型的矢量图模式下绘制两个透明的矩形块，并通过键盘上的方向键将其移至“天宫 1”图片的左右两侧用以延展图片的实际宽度。再次执行 移到 x: -480 y: 0 指令，图片就可以顺利“移出”舞台了，如图 11-5 所示。

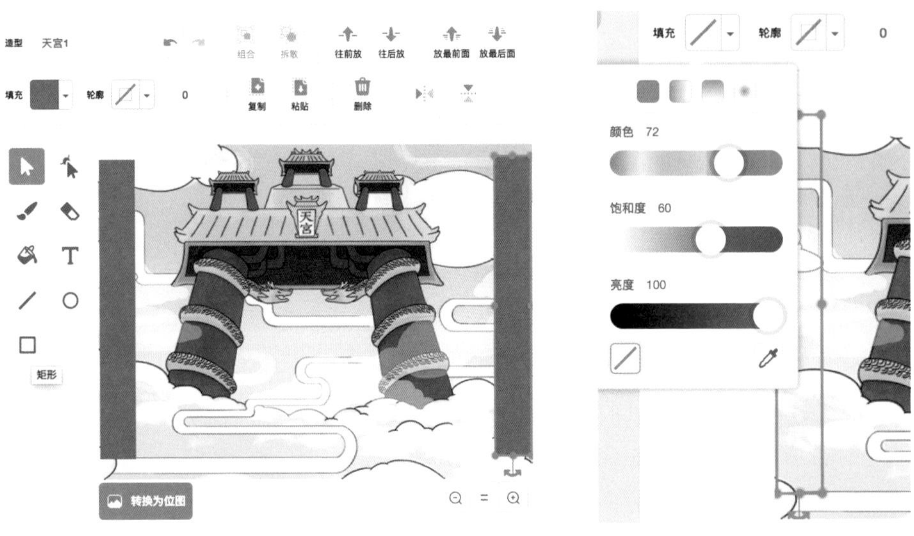

图 11-3 矢量图模式下添加矩形块　　图 11-4 矩形块设置为透明

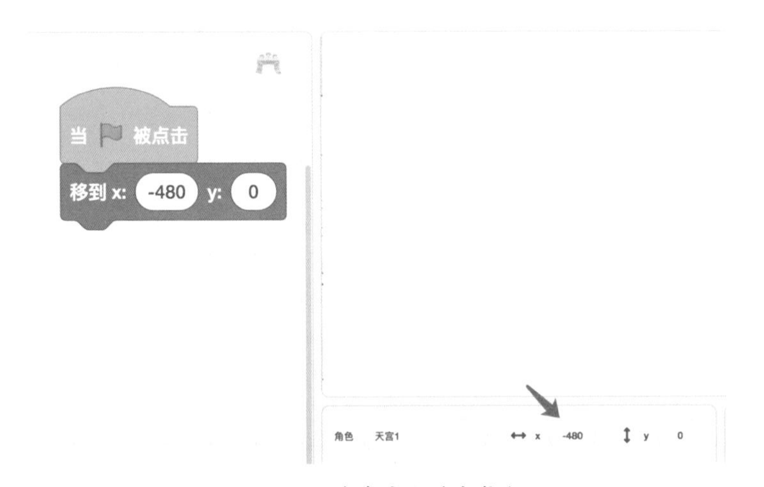

图 11-5 角色完全移出舞台

复制“天宫 1”角色，并修改名称为“天宫 2”。将“天宫 2”角色水平翻转。

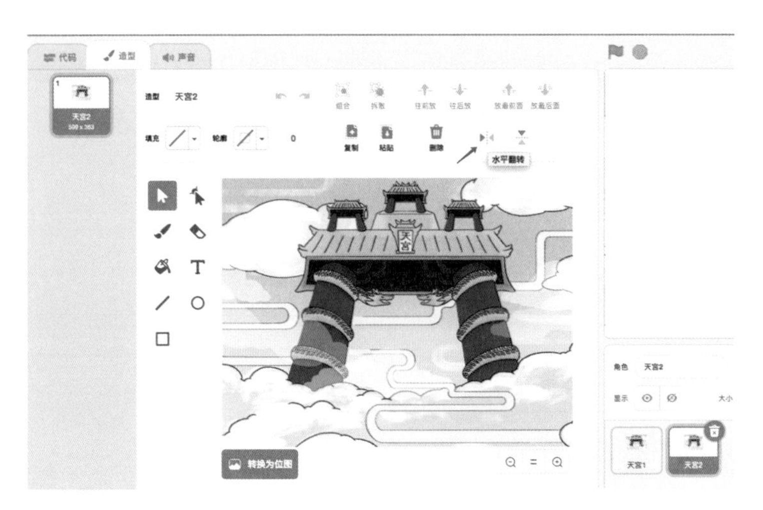

图 11-6 角色水平翻转

“天宫 2”角色和“天宫 1”角色的初始位置不同，如图 11-7、图 11-8 中脚本所示为模拟天宫的奇幻效果，可在重复执行指令中不断增加颜色特效。

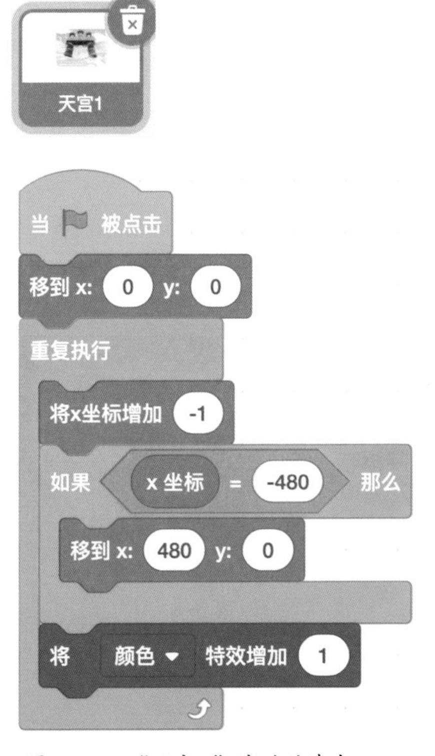

图 11-7 “天宫 1”滚动的脚本

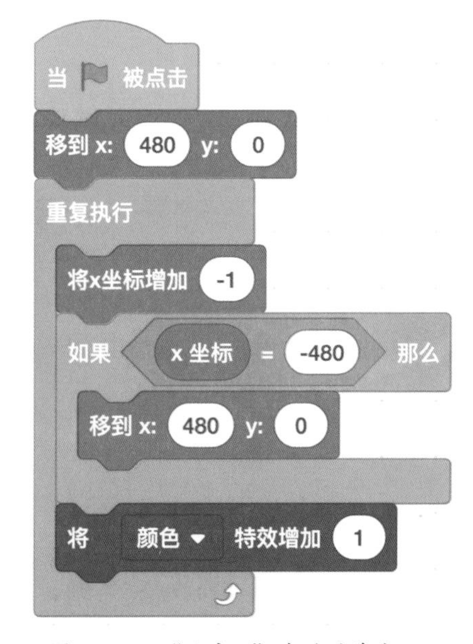

图 11-8 “天宫 2”滚动的脚本

程序开始后，“天宫 1”角色先移动到舞台中心（x：0，y：0），完全覆盖舞台。通过重复执行 将x坐标增加 -1 指令，“天宫 1”角色缓缓向左移动，直到到达屏幕左边缘（即 x：-480），接着角色重新移动到屏幕右边缘（即 x：480），此时“天宫 2”角色会到达舞台中央。此后两个角色重复交替地向左移动，实现舞台屏幕滚动播放的效果。

2 编写悟空的脚本

从电脑中上传“悟空”图片作为角色（包含两个造型），并设置角色的初始大小及位置。“悟空”角色只能上下移动。为了防止“悟空”角色移出舞台，在脚本的循环体中增加“碰到边缘就反弹”指令块。

图 11-9 “悟空”角色的初始化

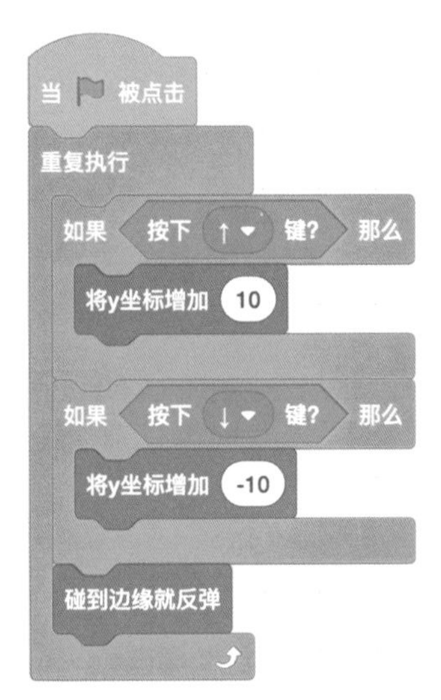

图 11-10 “悟空”角色移动的脚本

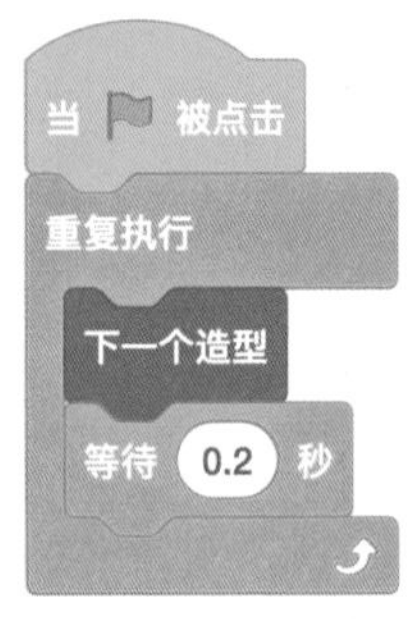

图 11-11 “悟空”角色切换造型

3 编写天兵天将的脚本

从电脑中分别导入哪吒、二郎神、托塔天王等天兵天将的图片作为角色（每个角色都包含两个造型）。编写脚本，让它们先隐藏，等待随机时间后从舞台最右边出现，然后逐步移动到舞台的最左边。这些角色不断变换造型，营造一种动态的效果。天兵天将的移动脚本是一样的，如图 11-12 所示。

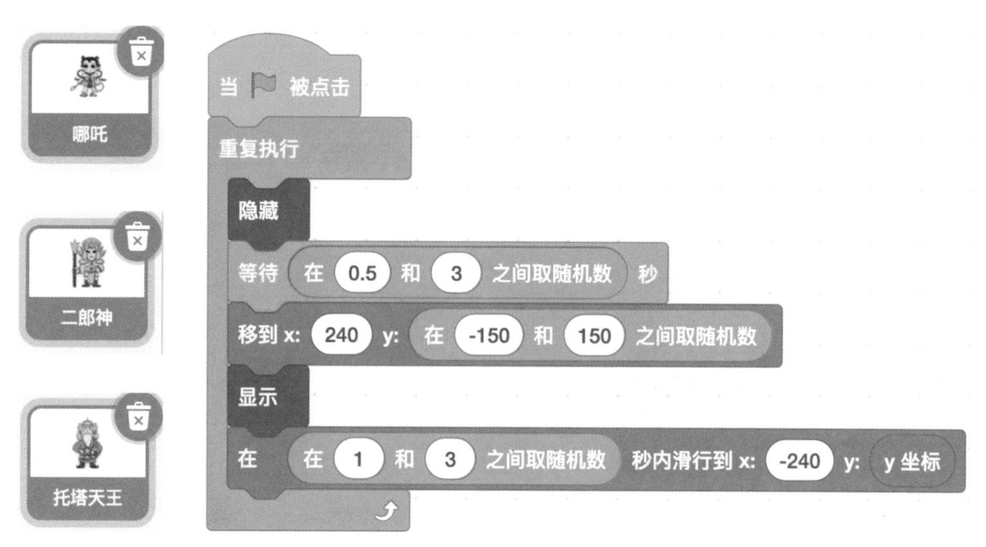

图 11-12　天兵天将移动的脚本

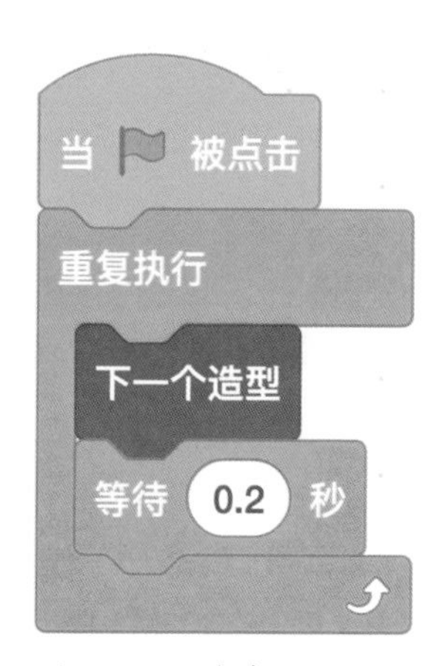

图 11-13　角色切换造型

4 用变量记录游戏胜败条件

为了记录游戏胜败的条件，可以创建适用于任何角色的变量“生命值”，如图 11-14 所示。该变量用于记录“悟空”角色的生命值，如果悟空在游戏中不小心碰到天兵天将，“生命值”将会减去一定的数值。

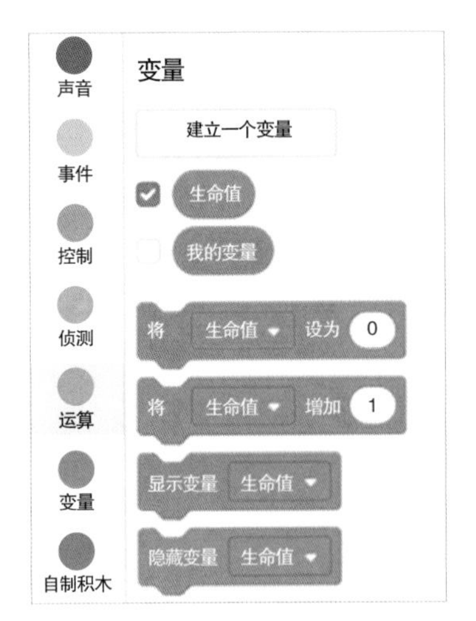

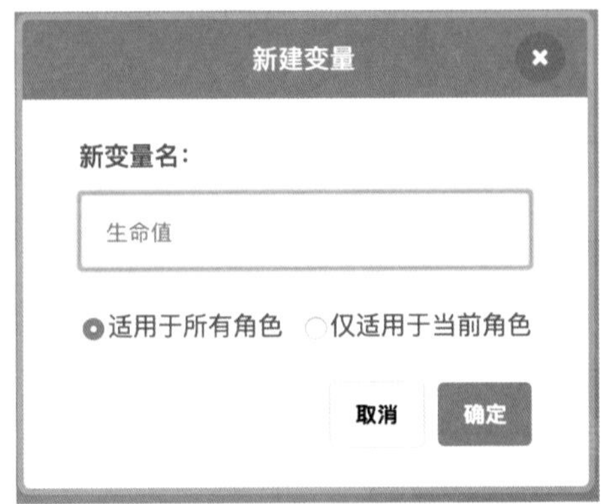

图 11-14　创建变量“生命值”

设置“生命值”的初始值为 10。悟空每碰到托塔天王一次，变量“生命值”扣除 3 分，脚本如图 11-15 所示。

图 11-15　悟空碰到托塔天王时，变量“生命值”扣减的脚本

悟空每碰到二郎神或哪吒一次，变量“生命值”扣除 1 分。为了烘托效果，可以在脚本中增加播放音效的指令。悟空碰到二郎神或哪吒时，变量“生命值”扣减的脚本如图 11–16 所示。

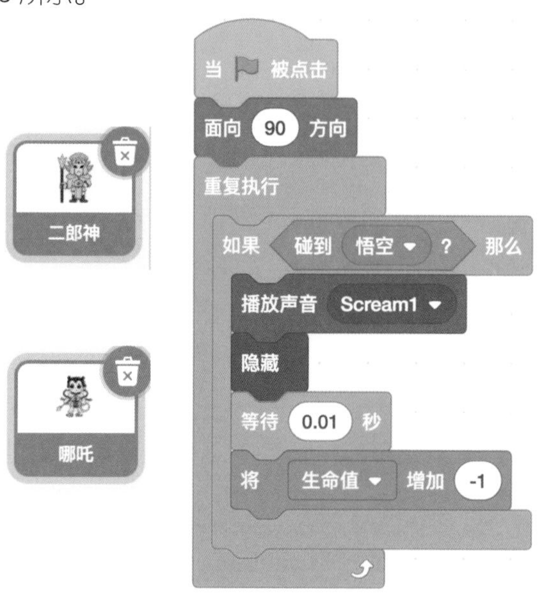

图 11–16　悟空碰到二郎神或哪吒时，变量“生命值”扣减的脚本

如果变量“生命值”等于 0（即变量“生命值”小于 1），游戏结束；如果悟空能坚持 30 秒且变量“生命值”大于 0，游戏胜利。可以创建一个变量“时间”来记录游戏时间。

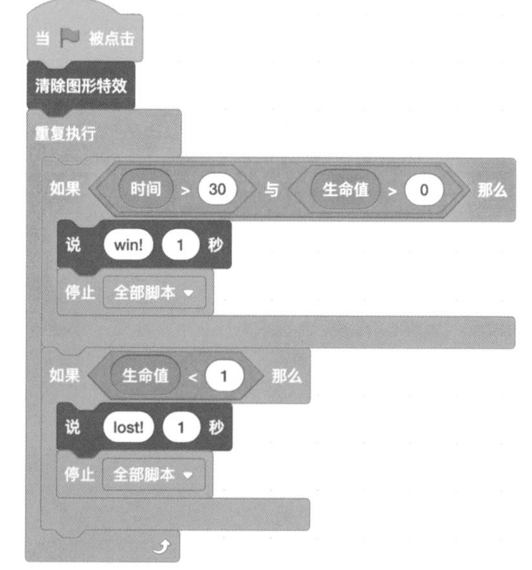

图 11–17　判断游戏胜利或失败的脚本

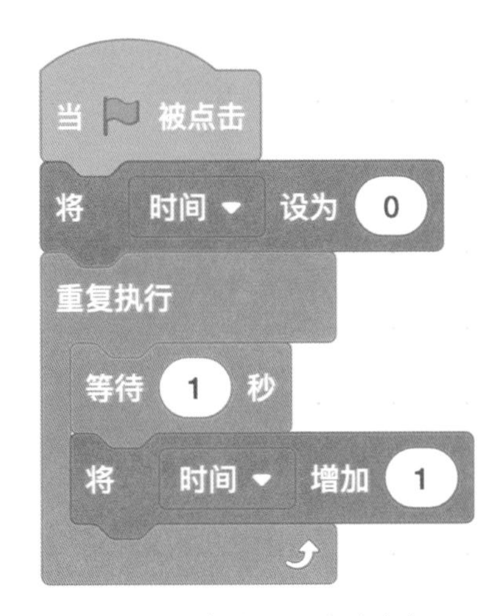

图 11-18 游戏时间记录的脚本

悟空把偷来的蟠桃作为武器攻击天兵天将。从电脑中上传“桃”图片作为武器角色。当按下空格键时，“桃”角色“面向 90 方向”发射出去。

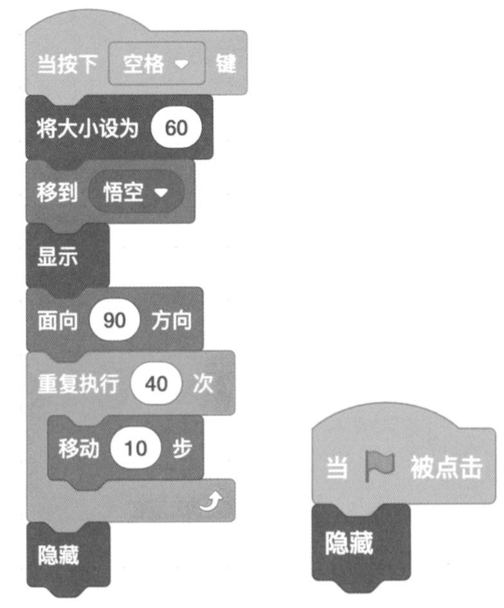

图 11-19 “桃”武器攻击的脚本

天兵天将碰到“桃”角色时隐藏，脚本如图 11–20 所示。

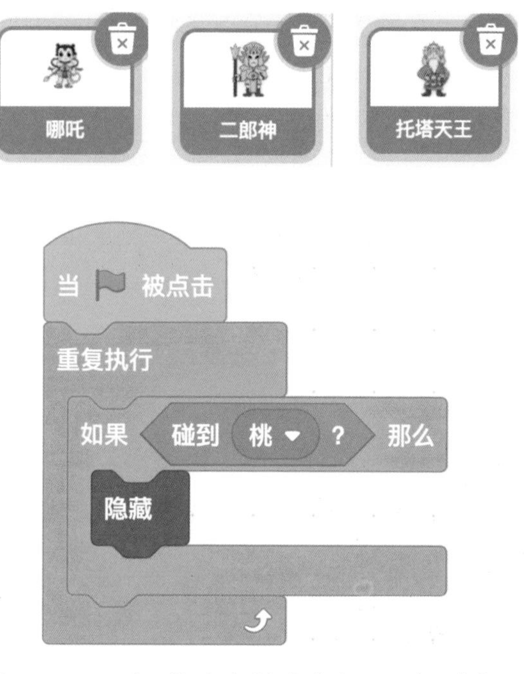

图 11–20　天兵天将碰到“桃”角色时隐藏的脚本

6 拓展与提高

如果悟空飞行时遇到天兵天将而来不及躲闪，可以快速按下键盘上的字母键“S”，让悟空隐藏 0.5 秒钟以躲避天兵天将的攻击。小朋友，快来编写脚本，试一试吧！

悟空偷吃蟠桃后又大闹天宫，最终被压在了五行山下。五百年后，悟空在观音的安排下拜唐僧为师，用学到的本领保护唐僧去西天取经。一天，悟空准备外出化缘，它担心师父被妖怪抓走，于是用金箍棒画了一个妖怪无法靠近的保护圈。

第十二课　神奇的保护圈（一）

1 导入舞台背景及角色

从电脑中上传舞台背景及“悟空”“唐僧”两个角色，并调整其大小，放在合适的位置（“唐僧”角色有两个造型），如图 12-1 所示。

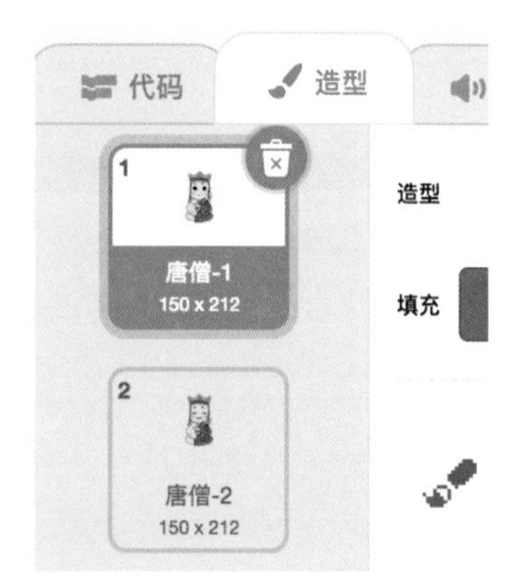

图 12-1 “唐僧”角色的两个造型

2 编写唐僧的脚本

唐僧饿了，让悟空去找点吃的。唐僧讲话的内容用“说”指令块实现。根据唐僧讲话的时长，让“唐僧”角色在这段时间内不断切换造型。唐僧说完后，发送“广播”告诉悟空可以出发了，脚本如图 12-2、图 12-3 所示。

图 12-2 唐僧说话的脚本

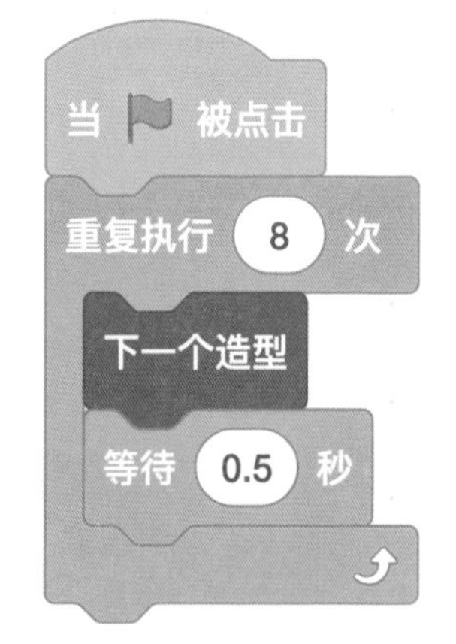

图 12-3 唐僧造型切换的脚本

当悟空离开师父去化缘时，通过“广播”告诉“唐僧”角色切换成闭目养神的造型，如图 12-4 所示。

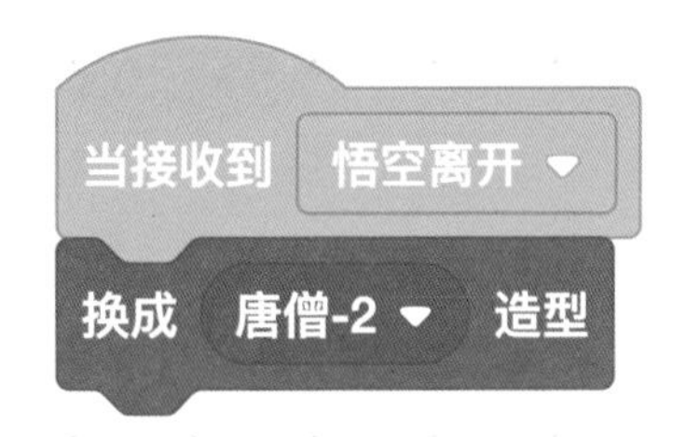

图 12-4 悟空离开时，唐僧切换造型

图 12-5 唐僧说话时的场景

3 编写悟空的脚本

设置“悟空”角色的初始大小及位置，如图 12-6 所示。

图 12-6 “悟空”角色初始化

当“悟空”角色接收到“唐僧”角色发来的“广播”后，先执行第一段对话，然后发出“广播”通知“金箍棒”角色去画保护圈，如图 12-7 所示。

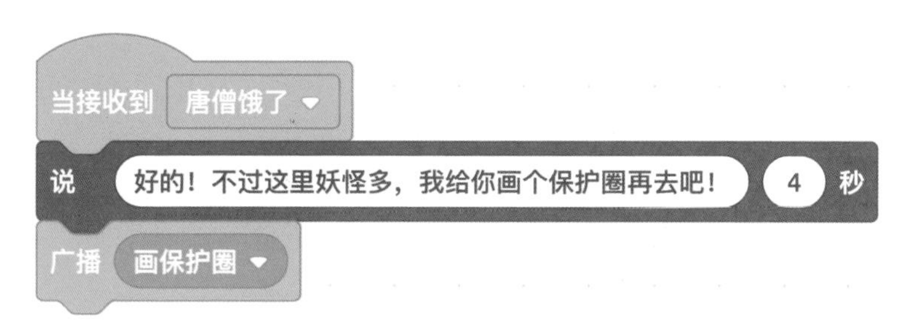

图 12-7 “悟空”角色执行完第一次对话后发出“广播”

“金箍棒”角色画完保护圈后发出“广播”，告诉“悟空”角色执行第二段对话。悟空完成对话后离开师父去化缘。在离开的过程中，悟空越飞越远，越飞越小，相应的脚本如图 12-8、图 12-9 所示。

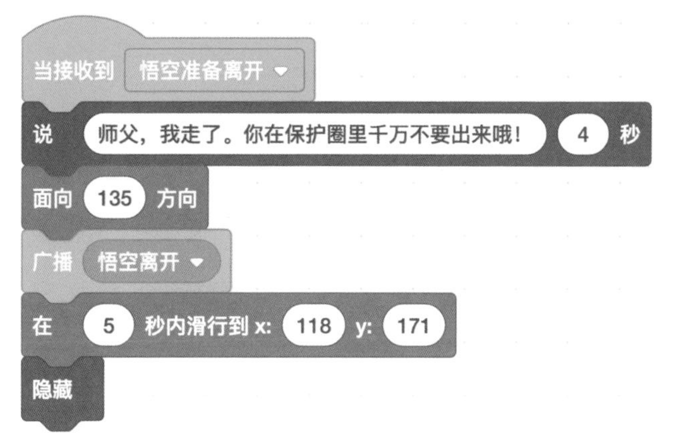

图 12-8 “悟空”角色执行完第二次对话后离开

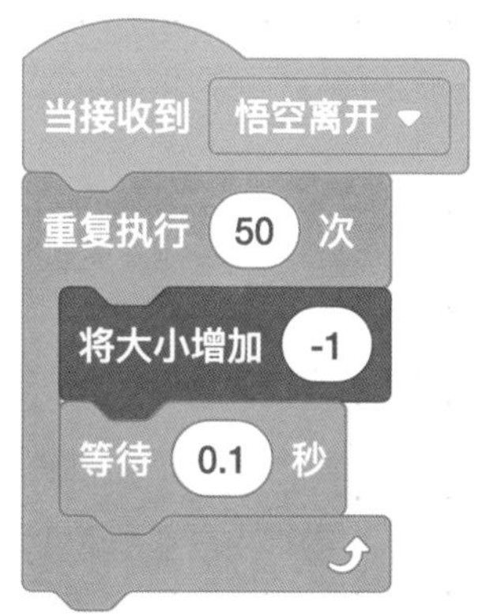

图 12-9 “悟空”角色离开时逐渐变小

图 12-10　悟空和唐僧进行第一段对话时的场景

图 12-11　悟空和唐僧进行第二段对话时的场景

4 编写金箍棒画保护圈的脚本

悟空用从龙宫寻来的宝贝——金箍棒给唐僧画了一个神奇的保护圈。如图 12-12 所示，先将“金箍棒”角色的中心设置在其中一头的端点处。然后复制造型，命名为“金箍棒 2”，并且用画笔绘制一些橙色的小点，如图 12-13 所示。

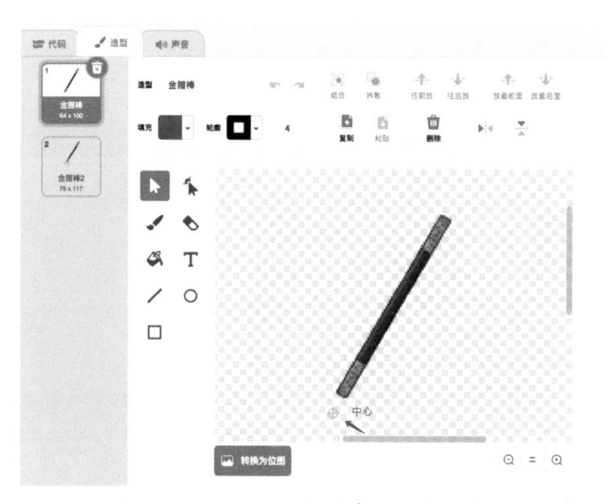

图 12-12　设置“金箍棒”角色的中心

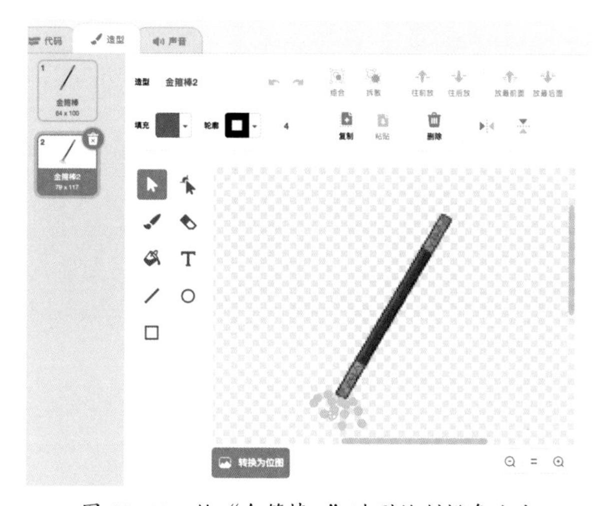

图 12-13　给“金箍棒 2”造型绘制橙色小点

金箍棒画圈时，需要用画笔模块 画笔 和旋转指令。点击指令类下方的“添加扩展”按钮，完成画笔模块的添加，如图 12-14 所示。

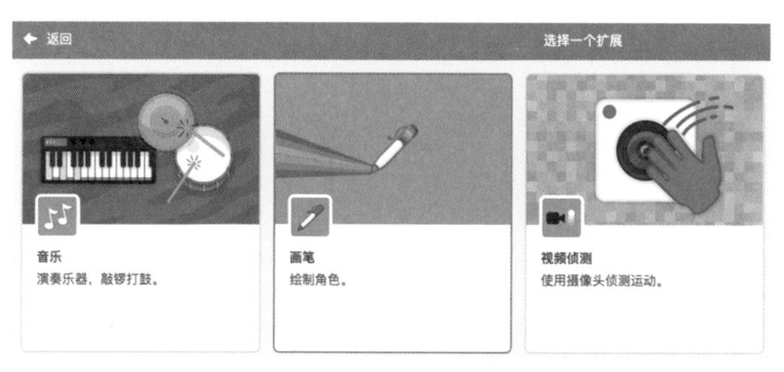

图 12-14　添加“画笔”模块

为了避免后续运行程序时，前面的画笔内容还在舞台上，在程序开始时先执行 全部擦除 指令擦除绘图痕迹，然后“金箍棒”角色隐藏并移至悟空耳边缩小，脚本如图 12-15 所示。

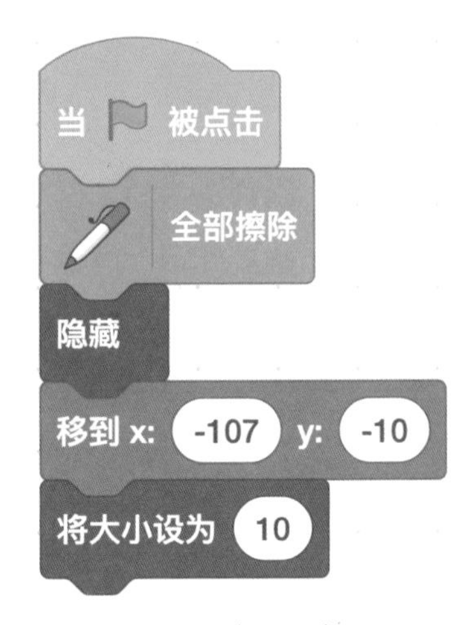

图 12-15 “金箍棒”角色的初始化

当接收到“悟空”角色发出的“画保护圈”广播时，“金箍棒”角色显示并移动到指定位置，然后开始绘画。绘图完成后，“金箍棒”角色发出广播“金箍棒消失”“悟空准备离开”，脚本如图 12-16 所示。

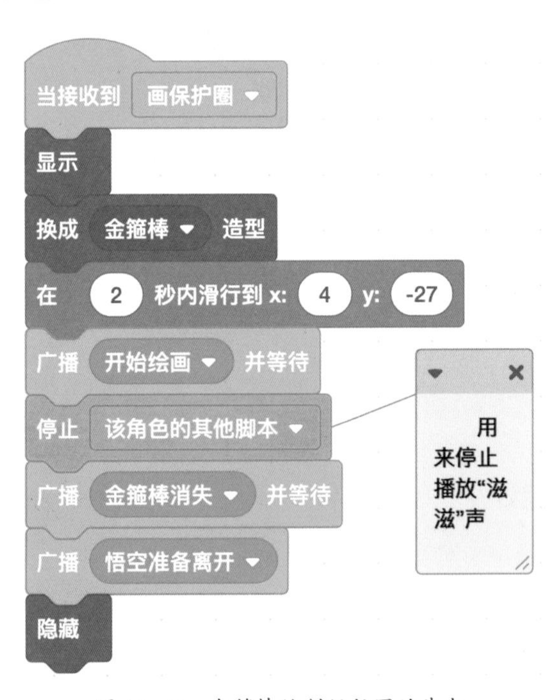

图 12-16 金箍棒绘制保护圈的脚本

日积月累：为了让人们更好地看懂和理解代码，在程序中会用到注释，如图12–16 所示。注释是对代码功能的说明和解释。在 Scratch3.0 软件中，创建注释的方法是选中指令块，单击鼠标右键选择“添加注释”，如图 12–17 所示。

图 12–17　为脚本添加注释

金箍棒在移动的过程中逐渐变大，脚本如图 12–18 所示。

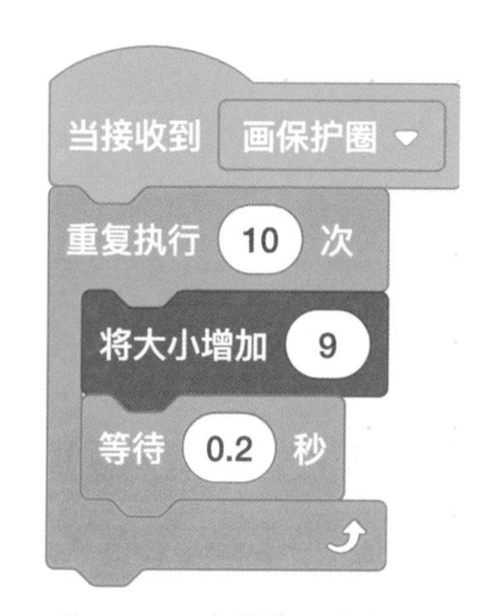

图 12–18　金箍棒逐渐变大

为了让绘画过程更生动，可以让金箍棒在绘制保护圈过程中发出“滋滋滋”的声音，如图 12–19 所示。

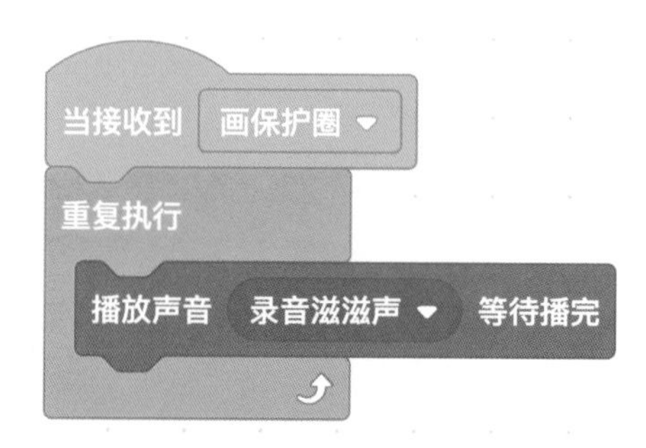

图 12–19　金箍棒边画，边播放录音

在 Scratch 里如何绘制一个圆形呢?

教你一招:先来观察三角形、正方形、八边形、十六边形……随着边数的增加,多边形越来越像个圆了。这意味着可以用画多边形的方法来绘制圆形,边数越多,多边形越接近圆。我们可以把金箍棒想象成一支画笔,它的一端就是笔尖。按照画多边形的方法画图,设定它的边长为 1.5 步,旋转次数为 360 次,每次旋转 1 度。绘画过程的脚本如图 12-20 所示。

日积月累:在 Scratch 中绘制圆形需要用到四个重要的参数,即圆的起点位置、初始化方向、每次移动的距离、每次旋转的角度。需要仔细调整这四个参数,才能画出令人满意的圆形。

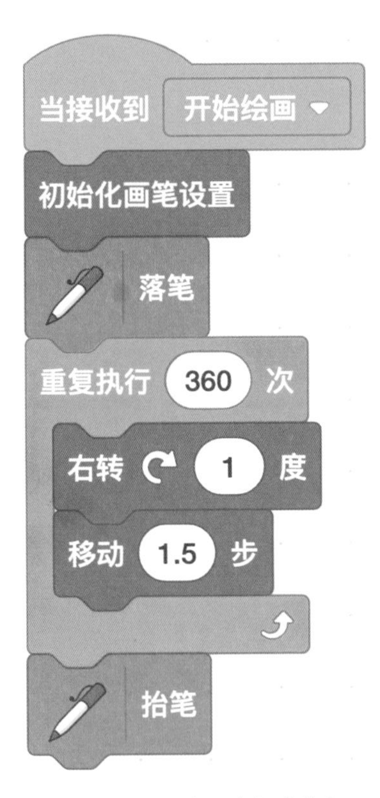

图 12-20 绘画过程的脚本

绘画前一般先将画笔初始化。选择画笔的颜色 将笔的颜色设为 及粗细 将笔的粗细设为 3 。在绘画前后，保持笔为抬笔状态 抬笔 ；在绘画时，保持笔为落笔状态 落笔 。这些功能我们可以通过定义一个初始化画笔设置自制积木来完成，如图 12–21 所示。

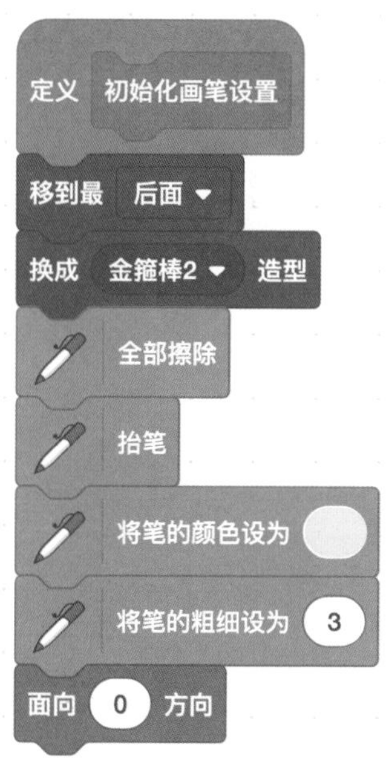

图 12–21 定义初始化画笔设置自制积木

日积月累：把角色任务的实现全部定义在一个积木内，即自制积木，使用时直接调用即可，如图 12–21 中的 定义 初始化画笔设置 就是自制积木。用这种方法可以简化代码，利于后期代码维护，比如在代码较长或者需要多处使用同一段代码时，可以自制积木。点击指令类最下方的 自制积木 ，选择 制作新的积木 按钮，在弹出的对话框中输入积木名称即可开始定义自制积木。

金箍棒画完圆圈后飞回悟空耳边，同时慢慢变小，脚本如图 12–22、图 12–23 所示。

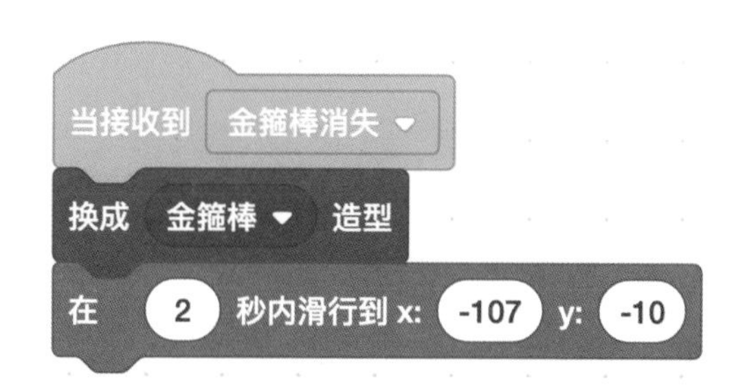

图 12–22 金箍棒飞回悟空耳边的脚本

图 12-23　金箍棒逐渐变小的脚本

图 12-24　金箍棒画圈时的场景

在悟空和唐僧的对话过程中，除了以标注框的形式显示对话内容外，还可以播放包含对话内容的录音。这样不仅能看到对话内容，也能听到对话内容。你还可以用家乡话来完成录音，一定会非常有趣。快来试试吧！

悟空刚离开不久，一只蝙蝠精出现了，它悄悄飞近唐僧，并想伤害唐僧。神奇的保护圈能发挥作用保护唐僧吗?

第十三课　神奇的保护圈（二）

1 设置“蝙蝠精”角色的脚本

从角色库里选择“Bat（蝙蝠）”角色，把它当作蝙蝠精。蝙蝠精有四个默认的造型，如图 13-1 所示。在飞行的时候，可以交替切换“Bat-a”和“Bat-b”两个造型；在受到攻击的时候，可以切换为“Bat-c”造型；在被消灭时，可以切换为“Bat-d”造型。

图 13-1 “Bat”角色的四个造型

程序开始时，将蝙蝠精初始化为隐藏状态，并清除所有特效，设置蝙蝠精的大小和位置，并设置其初始生命值为 3，脚本如图 13-2 所示。

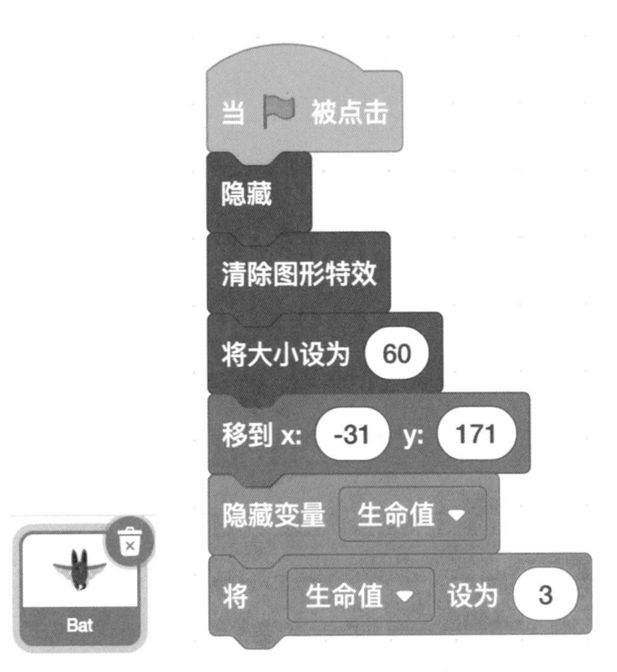

图 13-2 初始化“Bat”角色

2 通知妖怪出现

蝙蝠精在悟空离开后才能出现。悟空离开后，广播一条消息“妖怪出现”，通知蝙蝠精可以出现了，脚本如图 13–3 所示。

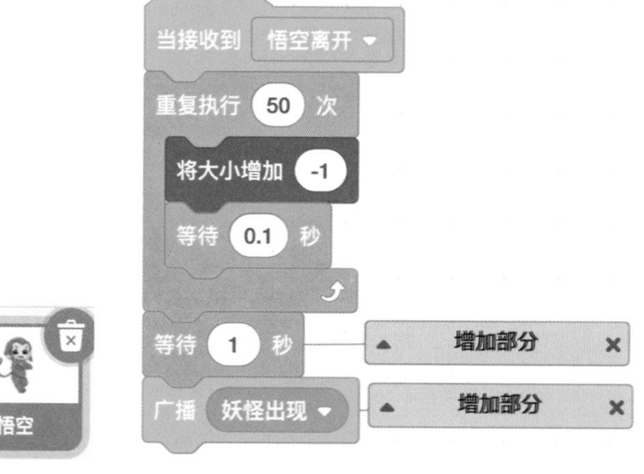

图 13–3　悟空广播消息“妖怪出现”

3 编写蝙蝠精的脚本

当收到“妖怪出现”广播后，蝙蝠精从舞台外出现，拍打着翅膀飞向唐僧，脚本如图 13–4、图 13–5 所示。

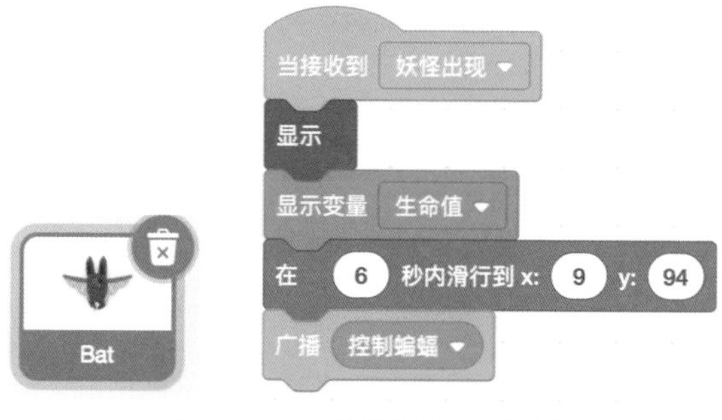

图 13–4　蝙蝠精慢慢靠近唐僧

图 13-5　蝙蝠精拍打翅膀

当蝙蝠精出现后，可以由玩家控制其上下左右移动，寻找机会冲进保护圈。蝙蝠精如果接触到保护圈,就不能继续向圈内移动了。由于保护圈是用画笔积木绘制出来的,并不是一个角色，所以只需判断蝙蝠精是否碰到了保护圈的颜色，脚本如图 13–6 所示。

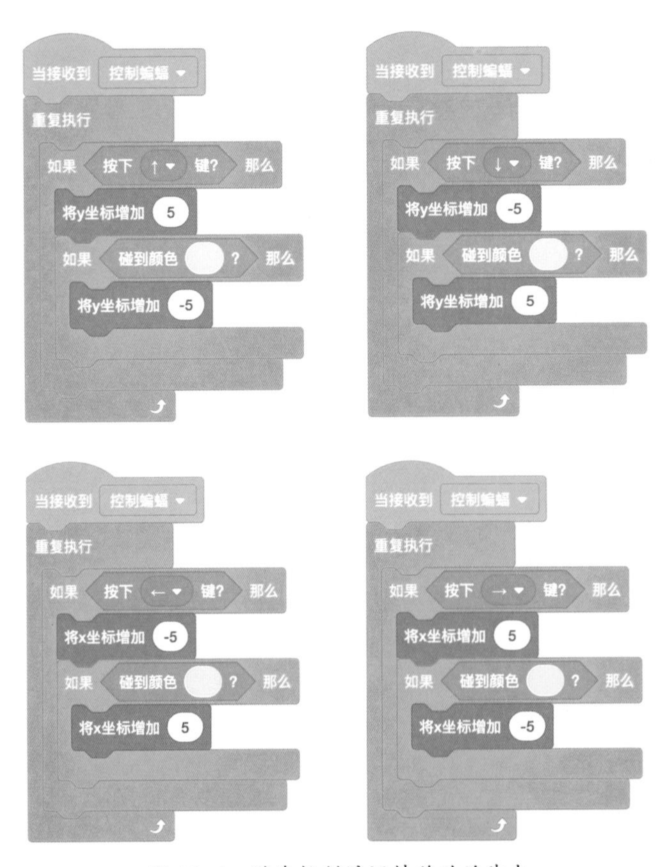

图 13-6　键盘控制蝙蝠精移动的脚本

蝙蝠精碰到保护圈的颜色时，会自动触发广播“碰到保护圈”，脚本如图 13–7 所示。

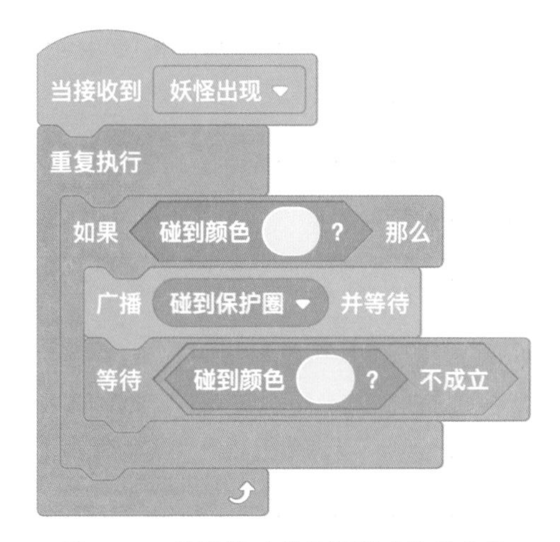

图 13–7 蝙蝠精碰到保护圈时触发广播

需要侦测的颜色可以通过吸管从舞台上的相应区域吸取，如图 13–8 所示。

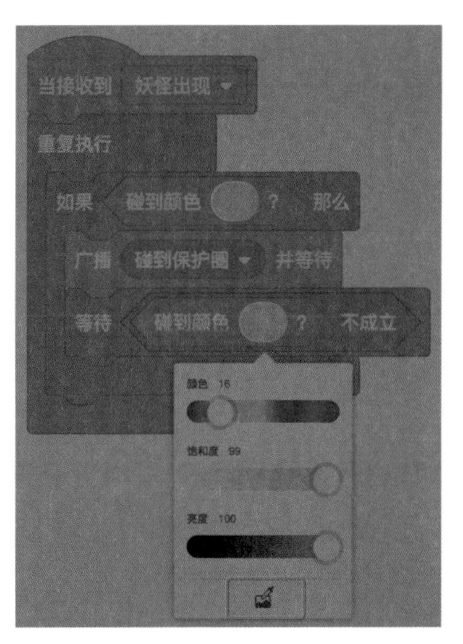

图 13–8 从舞台上吸取颜色

蝙蝠精碰到保护圈后，会触发多个自定义积木块。蝙蝠精除了颜色发生变化外，还会切换造型、生命值减少，以及发出惨叫声，脚本如图 13–9 所示。

图 13-9　蝙蝠精碰到保护圈时触发的积木块

蝙蝠精如果碰到保护圈，生命值会减少 1，脚本如图 13-10 所示。

图 13-10　蝙蝠精生命值减少的脚本

蝙蝠精如果碰到保护圈，会发出一声惨叫，改变造型，颜色也发生变化，脚本如图 13-11 所示。

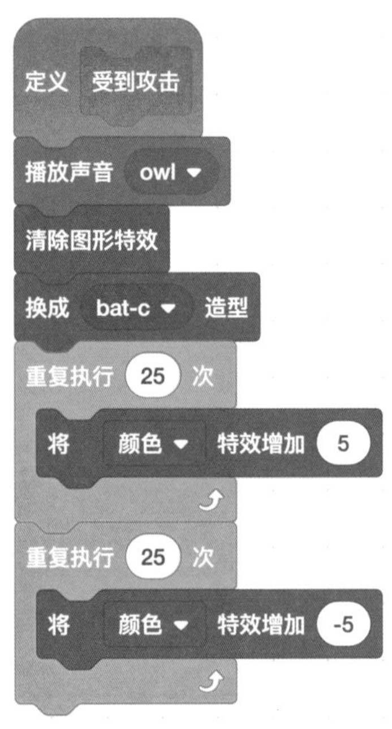

图 13-11　蝙蝠精碰到保护圈时的脚本

蝙蝠精如果生命值等于 0，就会灰飞烟灭，脚本如图 13-12 所示。

图 13-12　判断蝙蝠精死亡的脚本

4 拓展与提高

悟空带着斋饭回来后，发现企图伤害唐僧的蝙蝠精，这时会发生什么有趣的故事呢？请编写脚本来实现你的创意。

悟空最厉害的本领要数筋斗云了，据说使用筋斗云翻一个跟头就可以飞行十万八千里呢！在这节课中，我们将借助 Scratch 来体验一番腾云驾雾的感觉。

第十四课　筋斗云

1 选择舞台背景并编写脚本

从系统中分别选择舞台背景“Blue Sky（蓝天）”“Jurassic（侏罗纪）”“Farm（农场）”“Forest（森林）”“Wetland（湿地）”“Jungle（丛林）”，设置成每过一定的时间自动切换舞台背景，脚本如图 14-1 所示。

图 14-1 舞台背景切换的脚本

2 选择“Clouds”角色并编写脚本

从系统中选择“Clouds（云）”角色当作筋斗云。编写脚本使之从舞台右侧随机位置出现，然后移动到舞台左侧并消失。作品中需要多个“Clouds”角色依次出现，可以使用克隆功能来实现，脚本如图 14-2 所示。

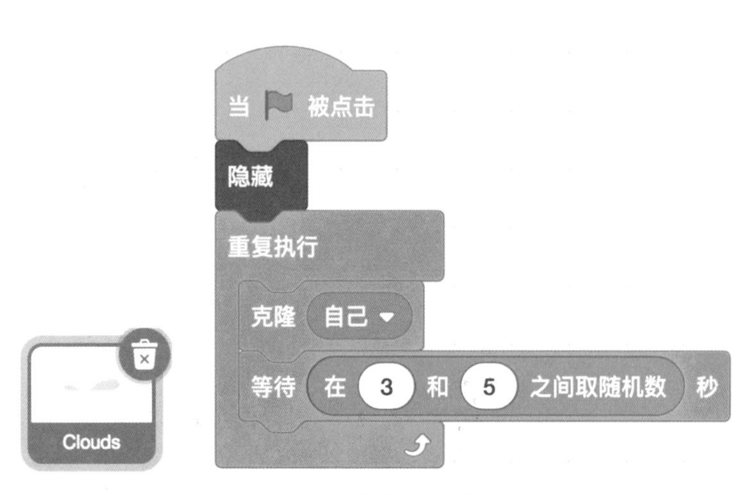

图 14-2 克隆“Clouds”角色

“Clouds”角色共有四个造型，如图 14-3 所示。

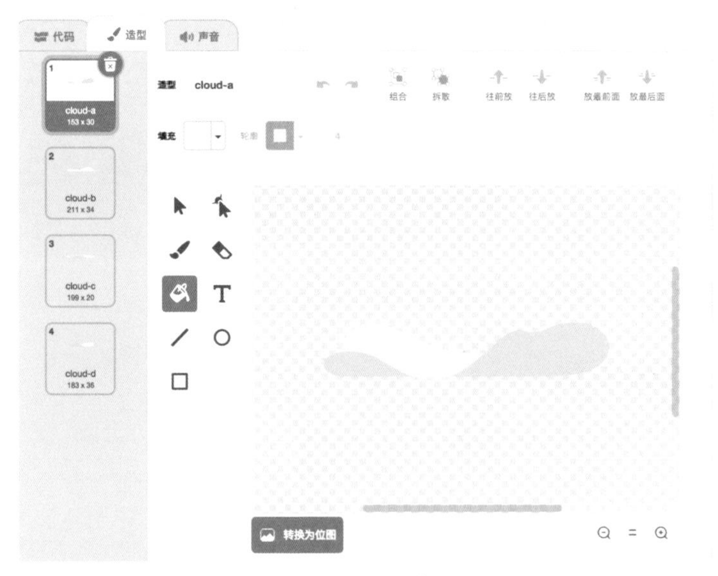

图 14-3 “Clouds”角色的四个造型

克隆体每次随机选择其中一个造型显示，从舞台右边出现，移动到舞台左边后消失，脚本如图 14-4 所示。

图 14-4 “Clouds”造型移动的脚本

从电脑中上传“悟空”角色。该角色共有两个造型，分别为“悟空 1”和“悟空 2”，如图 14-5 所示。

图 14-5 “悟空”角色的两个造型

让两个造型每间隔一定的时间反复切换，实现“悟空”角色的动态效果，脚本如图 14–6 所示。

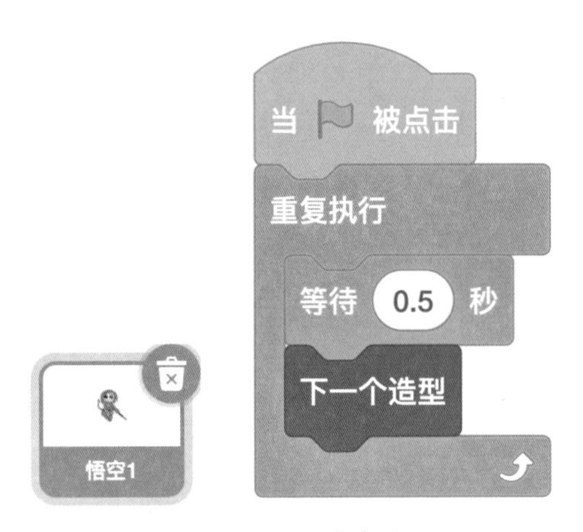

图 14–6 切换角色造型

先设置“悟空”角色的初始位置，然后重复执行：角色的 Y 坐标值减少，即让角色向下移动；按下空格键时，角色的 Y 坐标值增加，即让角色向上移动。注意：按下空格键时，角色往上移动的幅度比向下移动时大一些，如图 14–7 所示，目的是实现用空格键操控“悟空”角色在舞台上方飞行一会儿的效果。

图 14–7 用空格键控制“悟空”角色飞行的脚本

当侦测到“悟空”角色碰到“Clouds”角色，即其Y坐标增加值与前期下落数值相同时，可以实现悟空停留在云朵上而不掉下去的效果，如图14-8、图14-9所示。

图14-8 侦测到“悟空”角色碰到“Clouds”角色时的脚本

图14-9 悟空脚踩云的场景

当悟空掉落到舞台下方区域时，游戏结束，如图14-10、图14-11所示。

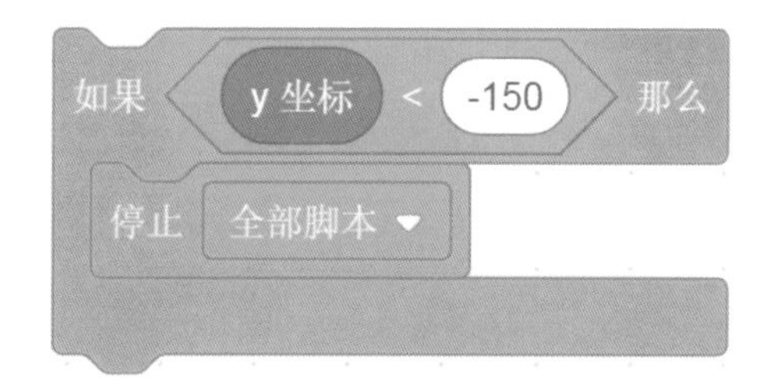

图14-10 游戏结束时的脚本

图 14-11 游戏结束时的场景

悟空飞行时的完整脚本，如图 14-12 所示。

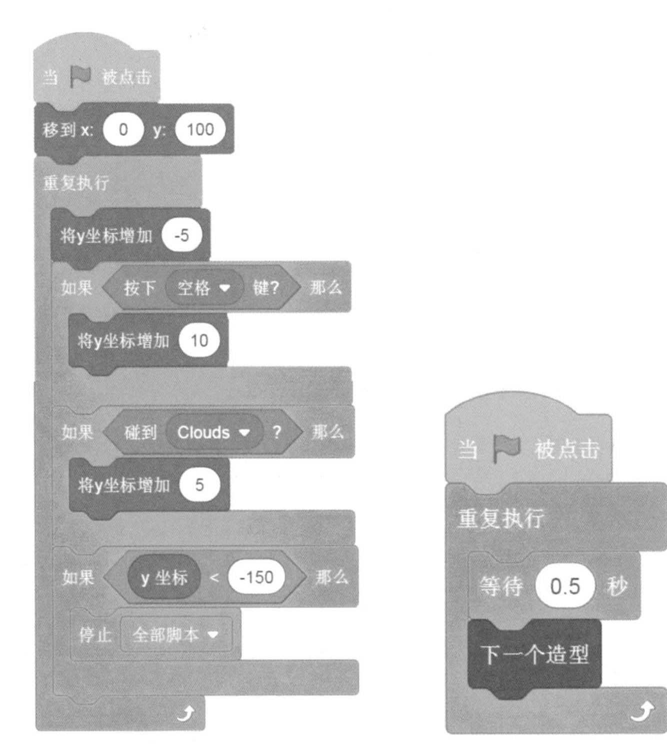

图 14-12 悟空飞行时的完整脚本

通过键盘上的按键来控制悟空施展自己拿手的绝活——翻跟头。翻跟头必须在舞台上方的一定高度才能施展，可以通过侦测“悟空”角色的 Y 坐标值来判断。如图 14-13 所示，两段脚本都可以实现按下字母“A”键控制悟空施展绝活——翻跟头。小朋友，请比较两段脚本的不同。

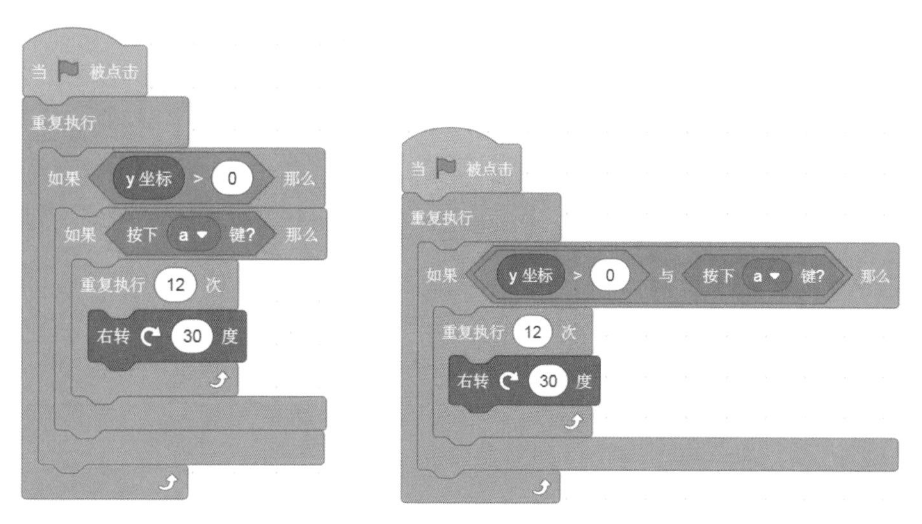

图 14-13 按下“A”键控制悟空翻跟头的脚本

“侦测”指令类中的“响度”指令是用来侦测麦克风接收到的声音强度的指令。如果你的电脑安装了麦克风,那么你可以通过“响度”指令来控制“悟空”角色的飞行高度,使作品变得更有意思！修改图 14-13 所示的两段脚本中的部分指令，即可实现上述效果，如图 14-14、图 14-15 所示。

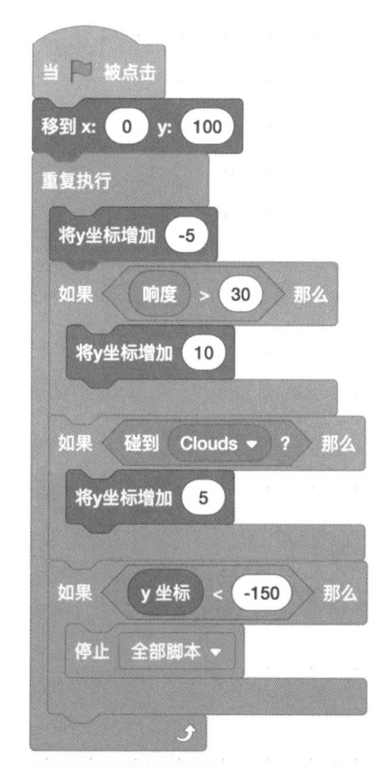

图 14-14 通过侦测“响度”控制悟空飞行

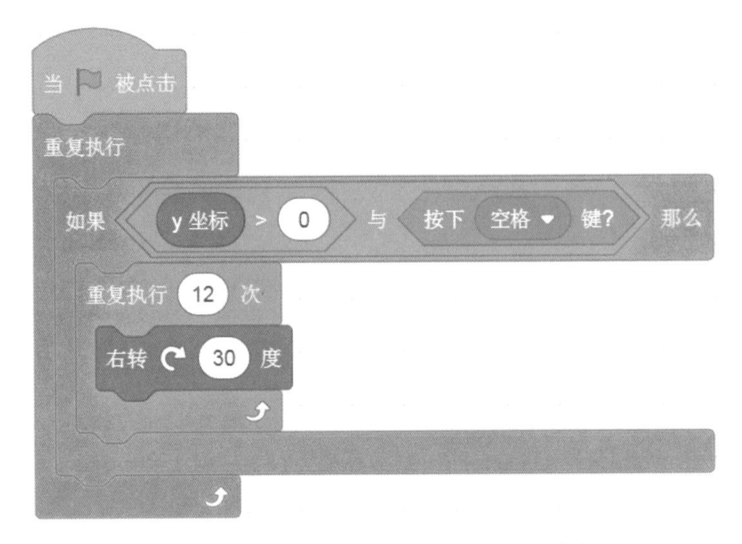

图 14-15 用空格键控制悟空翻跟头的脚本

最后，给作品配上一段背景音乐，让作品变得更精彩，如图 14-16 所示。

图 14-16 给作品配上背景音乐

4 拓展与提高

给作品增加操作提示及倒计时；程序执行开始后等待 3 秒，游戏正式开始。

你听过真假美猴王的故事吗？六耳猕猴假冒悟空，打伤唐僧，抢走行李……真假美猴王实在是太像了，就连观音、玉皇大帝、唐僧都无法分辨它们。那么，你能用最快的速度找出真美猴王吗？

第十五课 真假美猴王

1 上传舞台背景及“土地”角色

从电脑中上传“水帘洞”图片作为舞台背景。注意：先把背景图片处理成480×360像素（也可以是其倍数）大小再导入，否则舞台边缘可能会出现白边。接着上传“土地”角色（“土地”角色有两个造型），并摆放在舞台合适的地方，如图15-1、图15-2所示。

图 15-1　上传舞台背景及“土地”角色

图 15-2　“土地”角色的两个造型

2 给“土地”角色编写脚本

通常情况下，在作品的开头会介绍游戏的规则，在本节课中由“土地”角色来完成这个任务。为了让玩家看明白游戏的规则，“土地”角色介绍规则的时间不宜太短。“土地”角色介绍完规则后隐藏，并通过广播通知“悟空”角色，脚本如图15-3所示。

图 15-3　土地介绍游戏规则

除了用文字框标注显示游戏规则外，还可以使用语音朗读方式。方法是选择 文字朗读 拓展模块，如图 15-4 所示。更多的文字朗读相关知识将在下一节课中展开介绍。

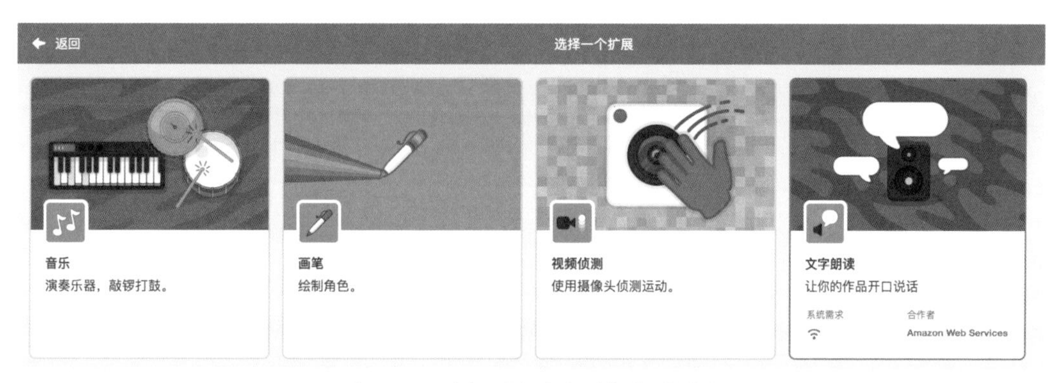

图 15-4　选择“文字朗读”拓展模块

编写“文字朗读”的相应脚本，如图 15-5 所示。

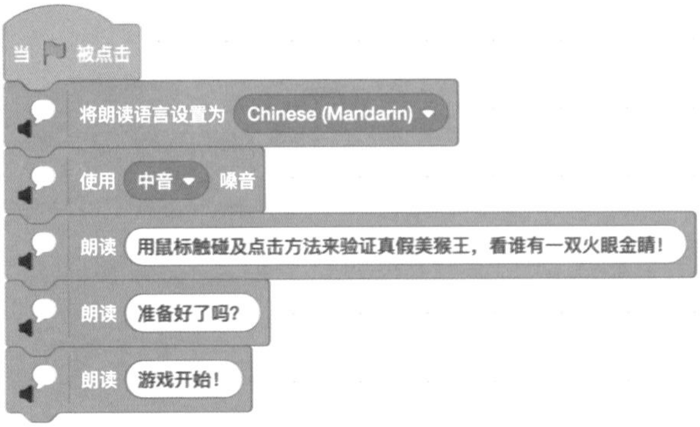

当 被点击
将朗读语言设置为 Chinese (Mandarin)
使用 中音 嗓音
朗读 用鼠标触碰及点击方法来验证真假美猴王，看谁有一双火眼金睛！
朗读 准备好了吗?
朗读 游戏开始！

图 15-5　朗读游戏规则的脚本

土地宣布游戏规则时，通过不断切换造型来模拟角色开口说话的效果。

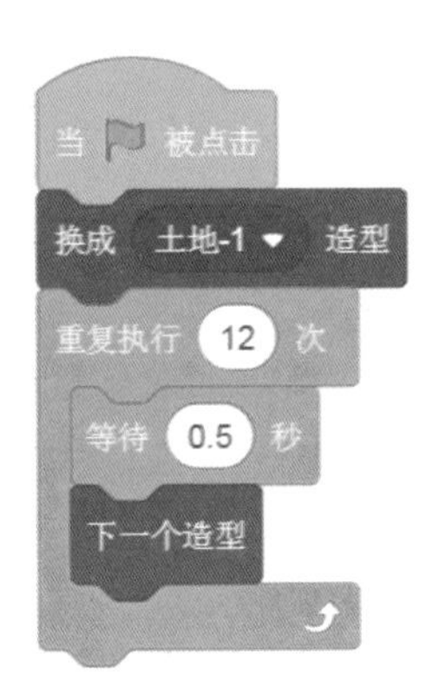

图 15-6　“土地”造型切换的脚本

土地宣布游戏规则时的舞台效果，如图 15-7 所示。

图 15-7　土地宣布游戏规则时的效果

3 编写“悟空”角色的脚本

从电脑中上传“悟空”角色，设置好大小后隐藏；创建变量“计时”，初始化后隐藏。脚本如图 15-8 所示。

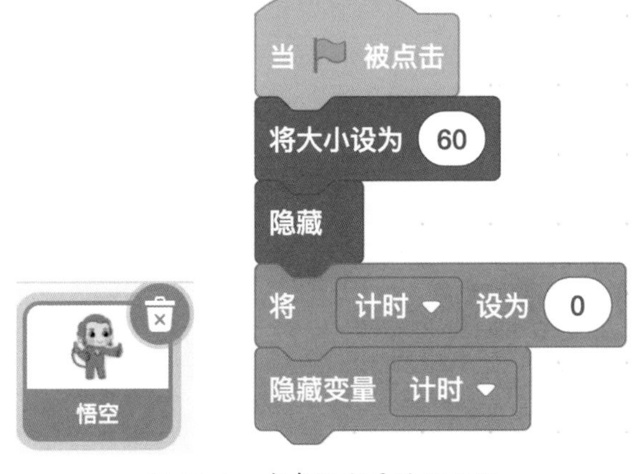

图 15-8　角色及变量的初始化

当接收到广播“游戏开始”时，变量“计时”显示，然后开始计时，脚本如图 15-9 所示。

图 15-9　开始计时

当接收到广播“游戏开始”时，“悟空”角色移动到舞台中间的随机位置并显示。

该“悟空”角色，即为真悟空。当鼠标触碰并点击该角色时，给出找到真悟空的提示及文字朗读，游戏结束，脚本如图 15-10、图 15-11 所示。

```
当接收到 游戏开始
移到 x: 在 -200 和 200 之间取随机数 y: 在 -140 和 140 之间取随机数
显示
重复执行
    如果 碰到 鼠标指针 ? 与 按下鼠标? 那么
        广播 朗读真的
        说 连接 连接 对了，我是真的悟空，你用时 和 计时 和 秒！ 6 秒
        停止 全部脚本
```

图 15-10 判断真悟空的脚本

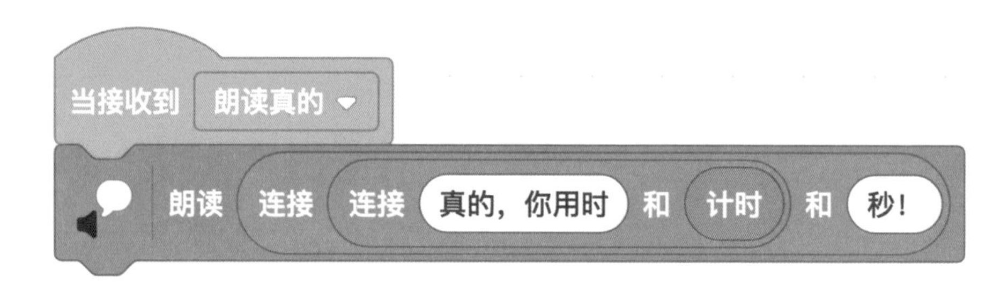

图 15-11 朗读找到真悟空的文字

那么，假悟空是从哪里来的呢？我们可以通过克隆指令来产生。当土地介绍完游戏规则后就开始克隆，共克隆出 9 个假悟空，脚本如图 15-12 所示。

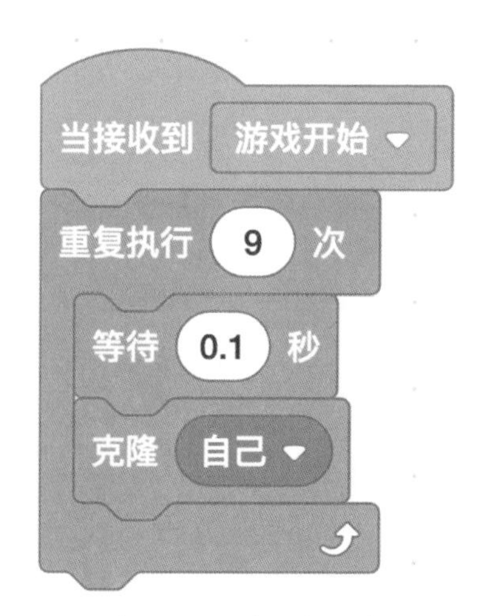

图 15-12　克隆假悟空

同样，将克隆出的假悟空移动到舞台中间的随机位置并显示。当这些假悟空被鼠标触碰并点击时，同样给出提示及文字朗读，但该克隆体会被删除，以防被重复点击，脚本如图 15-13、图 15-14 所示。

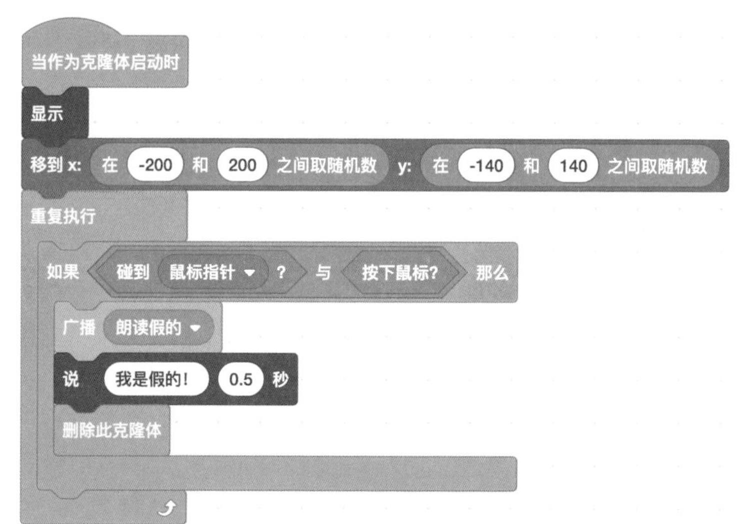

图 15-13　判断假悟空的脚本

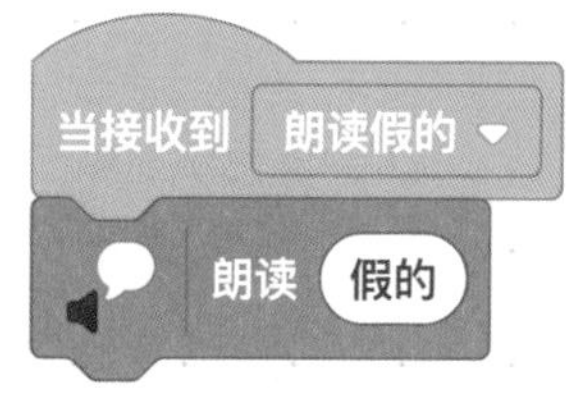

图 15-14　朗读找到假悟空的文字

程序运行时，我们发现随机出现在舞台上的真假悟空会重叠，如图 15-14 所示。如何解决这个问题呢?

图 15-14　真假悟空重叠显示

可以尝试通过侦测颜色来解决这个问题，脚本如图 15-15 所示。此外，你还有更好的办法吗?

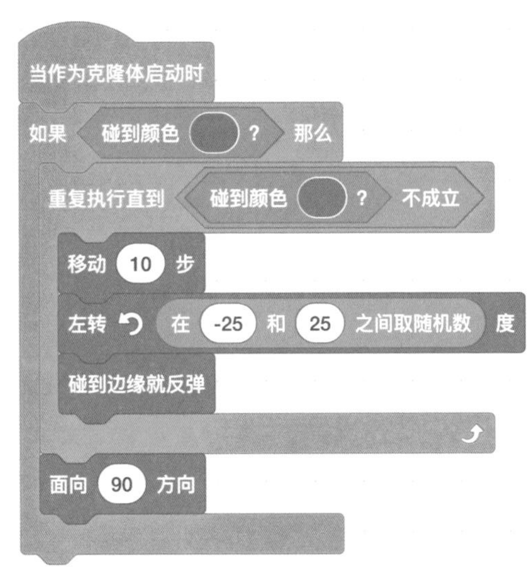

图 15-15　解决真假悟空显示重叠的脚本

4 拓展与提高

找到真的美猴王后，让它变色并发光。

唐僧师徒去西天取经，路程有十万八千里。俗话说得好，“百里不同风，千里不同俗”。取经路途遥远，途经许多国家，不同语言、文化之间的差异很容易导致人与人的沟通出现障碍，并可能由此产生误解。为了避免产生不必要的麻烦，唐僧决定让神通广大的悟空想办法解决。

第十六课　悟空的“翻译神器”

1 选择舞台背景及角色

从电脑中导入“悟空”角色，从系统中选择“Jurassic”作为舞台背景，如图16-1所示。

图 16-1　导入舞台背景及角色

2 添加“翻译”扩展模块

要想让悟空拥有翻译技能，我们需要先添加“翻译”扩展模块。添加成功后，可以看到在该模块下有两个积木块，如图 16-2 所示。其中，第一个积木块的作用是将输入的内容翻译为指定的语言。将语言改为“英语”，将文字内容改为“早上好”，单击该积木块，观察翻译结果是否正确。脚本如图 16-3 所示。

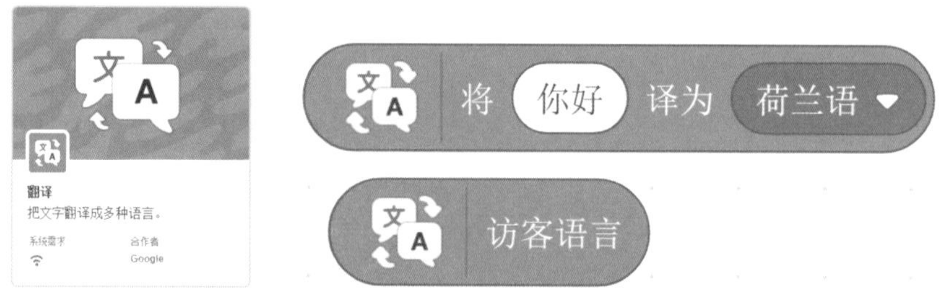

图 16-2　添加“翻译”扩展模块

图 16-3　翻译指定文本为相应的语言

3 实现“翻译机”功能

利用“侦测”指令类下的“询问”和“回答”指令积木来实现“翻译机”的功能，并用“说”指令积木来显示最终的翻译结果，如图 16-4 所示。运行程序，在对话框中输入一句话进行验证，例如“很高兴见到你”，如图 16-5 所示。

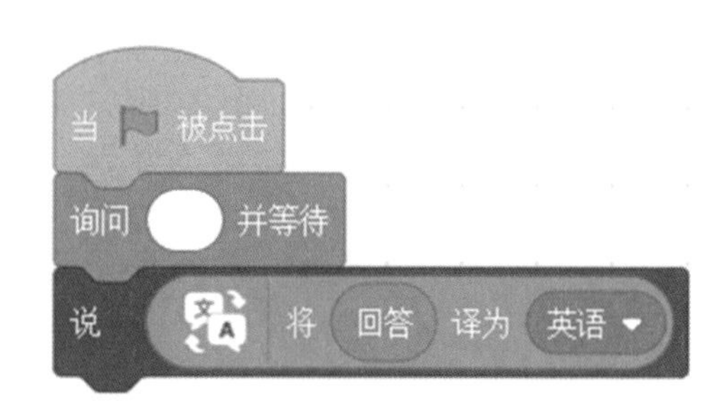

图 16-4 实现“翻译机”的脚本

图 16-5 验证翻译结果

优化上述脚本，添加重复执行指令积木，并设置一定的等待时间，如图 16-6 所示。

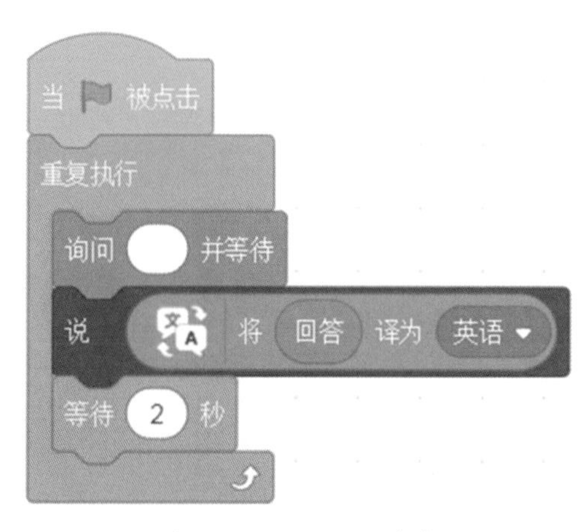

图 16-6 优化后的脚本

若要将翻译的文字直接朗读出来，则需要用到在上节课中学过的“文字朗读”拓展功能。

在该扩展模块下有三个指令积木，分别用来设置朗读语言、嗓音类型及执行朗读功能，如图 16-7 所示。

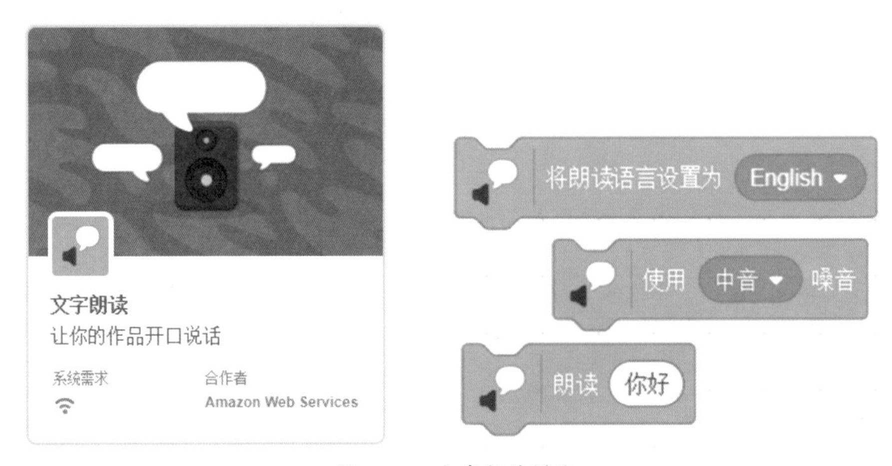

图 16-7　文字朗读模块

我们将本课中的朗读语言设置为 Chinese（中文），嗓音设置为“中音”，如图 16-8 所示。

图 16-8　设置朗读语言类型

在重复执行模块中，通过“朗读”积木块就可以朗读翻译的文字了，完整的脚本如图 16-9 所示。

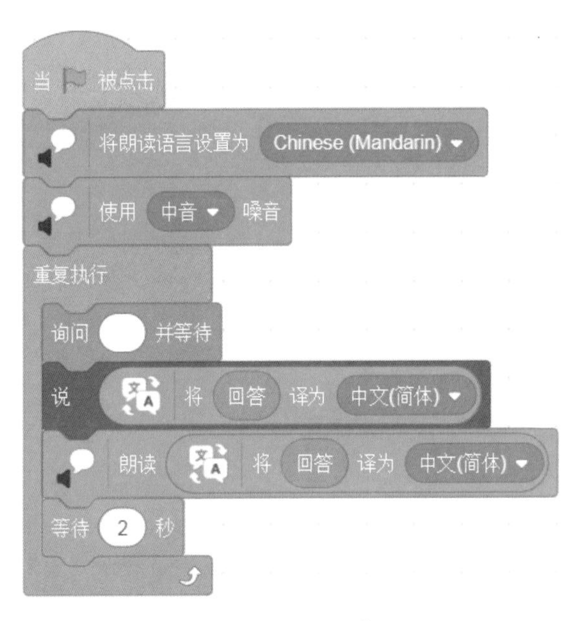

图 16-9　完整的脚本

程序运行时，在舞台的输入框中输入英文短语后会自动翻译成中文，并且用指定的声音朗读出来。有了这个翻译神器，悟空不但完成了唐僧交代的任务，而且可以在西天取经的路上与各国的人民方便地交流了！

5 拓展与提高

试着完善悟空的翻译神器，把输入的中文翻译成你指定的语言并朗读出来。

提高篇

在前几课中，我们用 Scratch 3.0 软件创作了很多有趣好玩的编程作品。不过由于 Scratch 3.0 软件的限制，之前的课程中还未涉及目前很热门的语音识别、图像识别等人工智能技术，而基于 Scratch 3.0 开发的 Mind+ 软件恰好支持这些功能。

1 下载及安装 Mind+ 软件

可从 Mind+ 软件的官方网站上点击“立即下载”安装到本地电脑。Mind+ 提供了 Windows 和 Mac 两种操作系统的客户端版本，找到并下载安装与你电脑操作系统相对应的版本，如图 1、图 2 所示。

图 1　Mind+ 下载网站

图 2　Mind+ 客户端下载

安装完成后，双击桌面上的图标打开 Mind+ 软件，界面如图 3 所示。

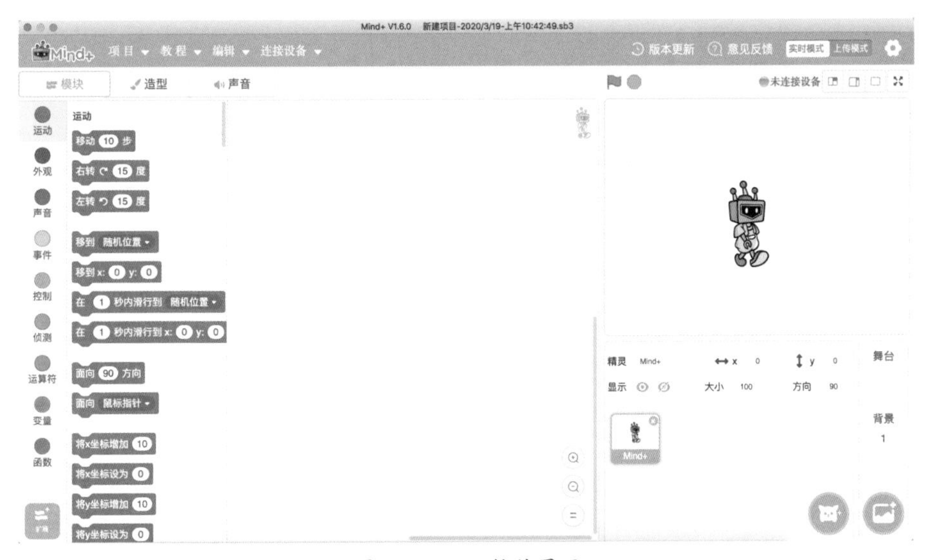

图 3　Mind+ 软件界面

接下来，我们将借助 Mind+ 软件的人工智能扩展模块去呈现更多有趣好玩的西游故事！

在去西天取经的路上，悟空因不满唐僧责备自己而乱开杀戒，负气离开。观音现身送给唐僧一顶嵌金花帽和一句紧箍咒语，帮助唐僧管教泼猴。悟空受到龙王的点拨后，重回唐僧身边，戴上了这顶帽子，从此受制于唐僧的紧箍咒，不得不服从唐僧的管束。

第十七课　悟空受制于紧箍咒

1 故事发展思维导图

我们先来梳理一下本课故事发展的线索：悟空重回唐僧身边，发现了一顶漂亮的帽子，就想让唐僧送给自己；唐僧同意后，悟空靠近帽子，帽子碰到悟空后就移到了它的头上；悟空戴上帽子后，程序开启摄像头进行手势识别，当摄像头检测到“祈祷”手势时，唐僧开始念咒，悟空翻滚求饶；当摄像头检测到“OK”手势时，唐僧结束念咒，悟空停止翻滚，倒在地上。故事发展的思维导图整理如下：

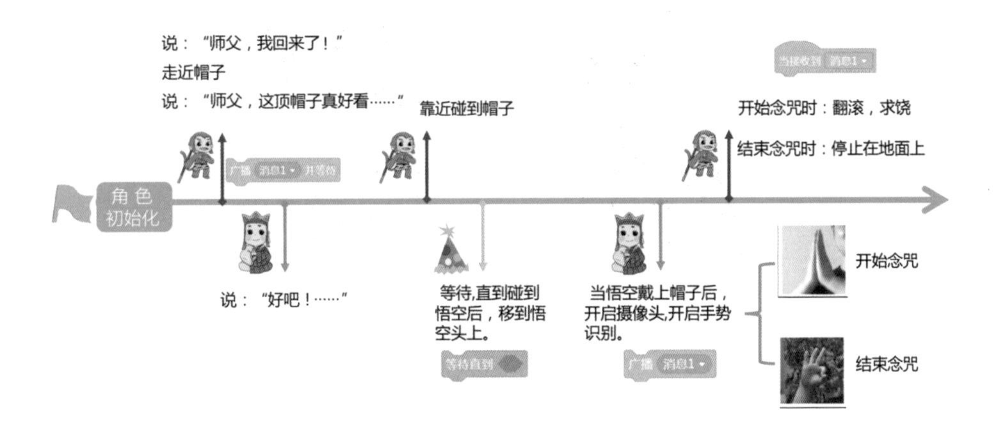

我们将根据上面的思维导图，按照事件的发展，逐一编写各个角色的脚本。

2 选择舞台背景及角色

分别从本地文件夹中上传舞台背景及“悟空”“唐僧”角色,从角色库中选择“Party Hat”作为“帽子”角色，如图 17–1 所示。

图 17–1 导入舞台背景及角色

“悟空”角色有两个造型，分别是“悟空（无金箍）”和“悟空（有金箍）”，如图 17–2 所示。

图 17–2 “悟空”角色的两个造型

“唐僧”角色也有两个造型，分别是“唐僧（闭嘴）”和“唐僧（张嘴）”，如图 17–3 所示。

图 17–3 “唐僧”角色的两个造型

3 编写悟空询问唐僧的脚本

先初始化“悟空”角色的方向、造型及当前位置，播放事先录制好的声音（舞台同步显示文字）。悟空询问唐僧是否可以把帽子送给自己，发送广播给师父并等待师父的回应。当师父同意后，悟空滑行到帽子所在的位置，脚本如图 17–4 所示。

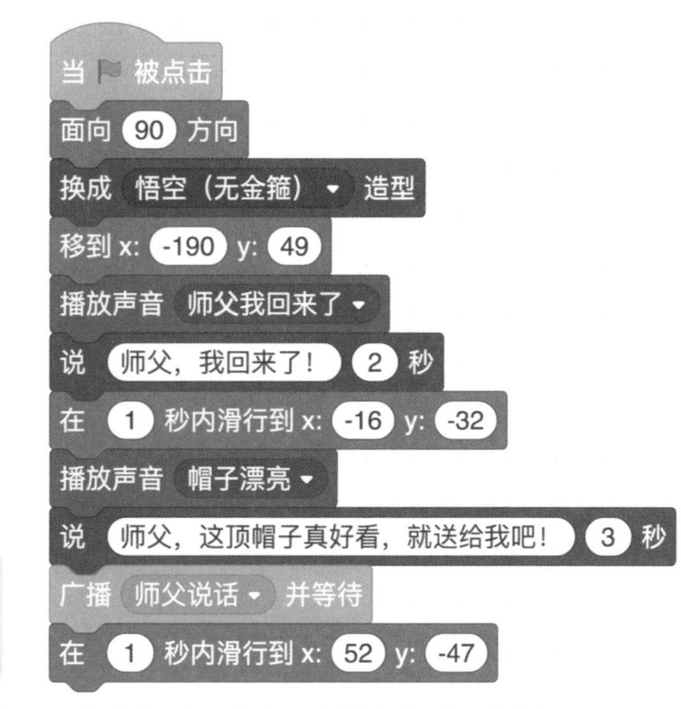

图 17-4　悟空询问师父是否可以把帽子送给自己的脚本

当唐僧收到悟空发过来的广播后，通过播放语音及舞台同步显示文字，同意把帽子送给悟空，脚本如图 17-5 所示。

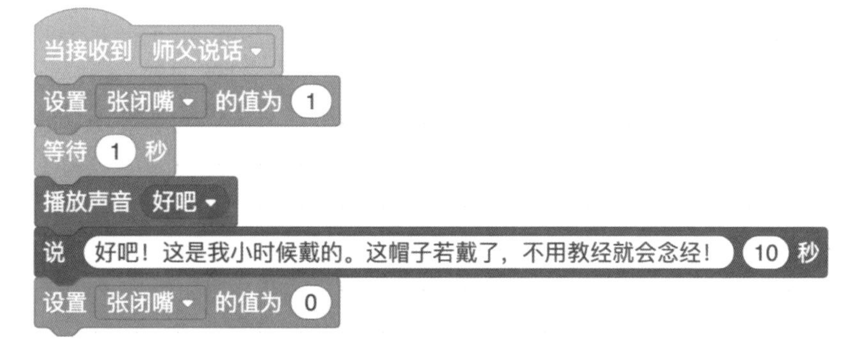

图 17-5　唐僧回答悟空询问的脚本

为了更好地模拟唐僧说话时的情景，可以通过创建一个变量“张闭嘴”来控制“唐僧”角色嘴巴张闭的效果，即讲话时嘴巴一张一合，不讲话时闭嘴，脚本如图 17-6 所示。

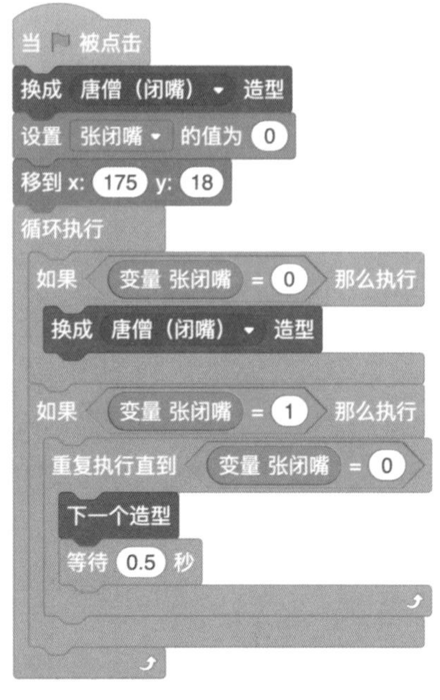

图 17-6　用变量来控制唐僧嘴巴张闭

程序执行后，先给“帽子”角色初始化造型和位置。“帽子”角色碰到“悟空”角色时，滑行到悟空的头上，并通过广播告诉“唐僧”角色，便于唐僧开始念咒，如图 17-7 所示。

图 17-7　帽子移动到悟空头上的脚本

6 编写唐僧开始念咒的脚本

当“唐僧”角色接收到“帽子”角色发过来的“戴上帽子”广播后，程序开启摄像头进行手势识别。这里需要用到扩展模块“网络服务”里的“AI 图像识别”功能，如图 17-8 所示。

图 17-8 加载“AI 图像识别”功能

系统总共能识别 25 种手势，本节课我们将使用“OK(OK)”和“Prayer(祈祷)”两种手势，如图 17-9 所示。

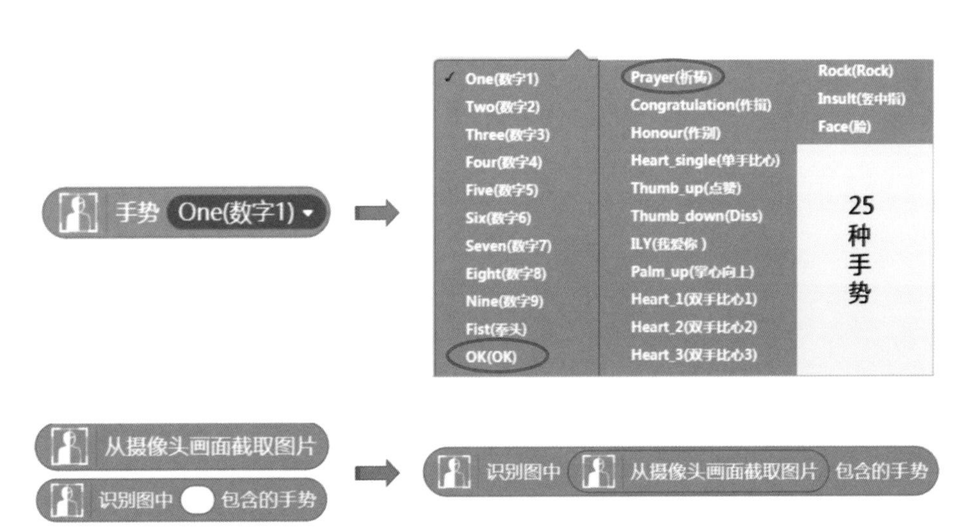

图 17-9 手势识别相关指令

需要人机交互时，可用“思考”指令块在舞台上显示“操作提示文字”。按下空格键开启摄像头，当侦测到摄像头画面中有“祈祷”手势时，广播“开始念咒”；当侦测到“OK”手势时，广播“结束念咒”。脚本如图 17–10 所示。

```
当接收到 戴上帽子
思考 按下空格键开启摄像头            操作提示文字
等待直到 按下 空格 键?
开启 摄像头
使用 弹窗 显示摄像头画面
循环执行
  如果 识别图中 从摄像头画面截取图片 包含的手势 = 手势 Prayer(祈祷) 那么执行
    广播 开始念咒
    设置 张闭嘴 的值为 1
  如果 识别图中 从摄像头画面截取图片 包含的手势 = 手势 OK(OK) 那么执行
    广播 结束念咒
    设置 张闭嘴 的值为 0
```

唐僧

图 17–10　摄像头识别手势的脚本

7 接收到“开始念咒”广播时

当接收到“唐僧”角色发送的“开始念咒”广播时，“悟空”角色切换造型，开始翻滚求饶，如图 17–11、图 17–12 所示。

图 17–11　悟空翻滚的脚本

图 17-12 播放悟空求饶的录音

"帽子"角色等待 1 秒后隐藏，如图 17-13 所示。

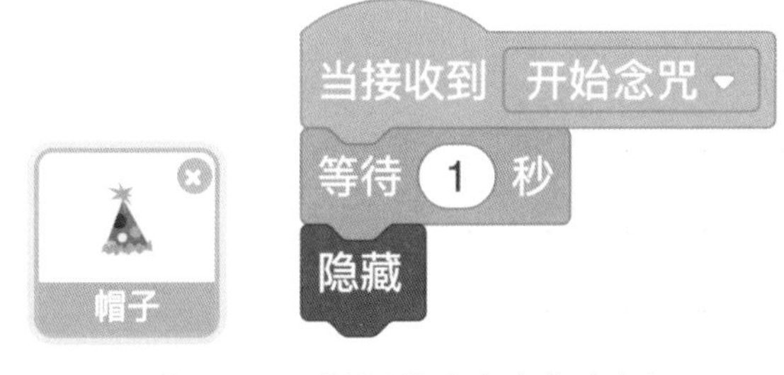

图 17-13 "帽子"角色隐藏的脚本

当接收到"唐僧"角色发送的"结束念咒"广播时，"悟空"角色停止翻滚，倒在地上。这里也可以播放一段事先录好的声音，如"以后都听师父的"。脚本如图 17-14 所示。

图 17-14 悟空停止翻滚的脚本

图 17-15　摄像头识别“OK”手势

有了“紧箍咒”这个法宝，悟空不得不乖乖地听唐僧的话，踏踏实实护送师父去西天取经。

8 拓展与提高

开启摄像头进行手势识别，当摄像头识别到手势为“Thumb_up(点赞)”时，悟空快乐地蹦起来。小朋友，快用脚本实现这一想法吧。

唐僧师徒在去西天取经的路上碰到一个名叫银角大王的妖怪。它手中有一件十分厉害的法宝——紫金葫芦。银角大王只要用紫金葫芦对着你，叫一声你的名字，如果你答应了，就会被紫金葫芦吸进去。

第十八课　银角大王的紫金葫芦

1 选择舞台背景及角色

打开 Mind+ 软件，分别从本地文件夹中上传舞台背景及“悟空”“银角大王”“紫金葫芦”角色，角色位置如图 18–1 所示。

图 18-1　导入舞台背景及角色

“悟空”角色有两个造型，如图 18-2 所示。

（造型 1）　　（造型 2）

图 18-2　“悟空”角色的两个造型

2 编写银角大王与悟空对话的脚本

银角大王的紫金葫芦是怎么听到别人有没有答应的呢？其实这里用到了 Mind+ 软件的“语音识别”功能。要想让银角大王的紫金葫芦拥有“语音识别”技能，我们需要先在 Mind+ 软件中添加“语音识别”扩展模块，如图 18–3 所示。添加成功后，可以看到该模块下包含的积木指令块，如图 18–4 所示。其中，语音识别“服务器 2”为百度提供的服务器，我们一般选择这个服务器。勾选“识别结果”，方便我们及时查看语音识别的结果。

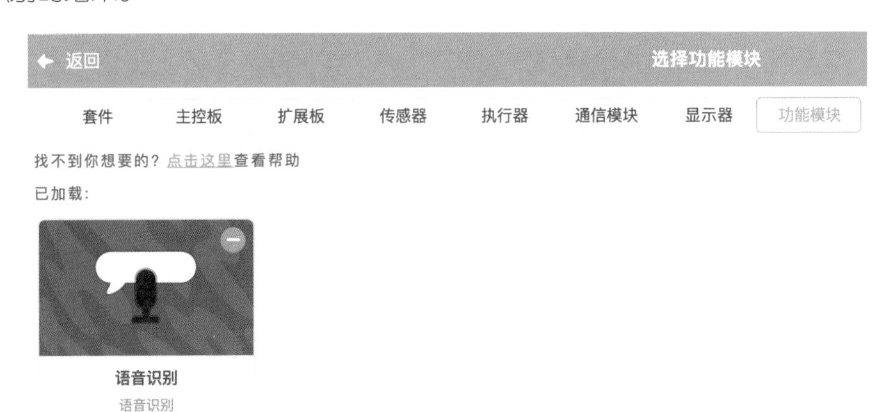

图 18–3　添加“语音识别”模块

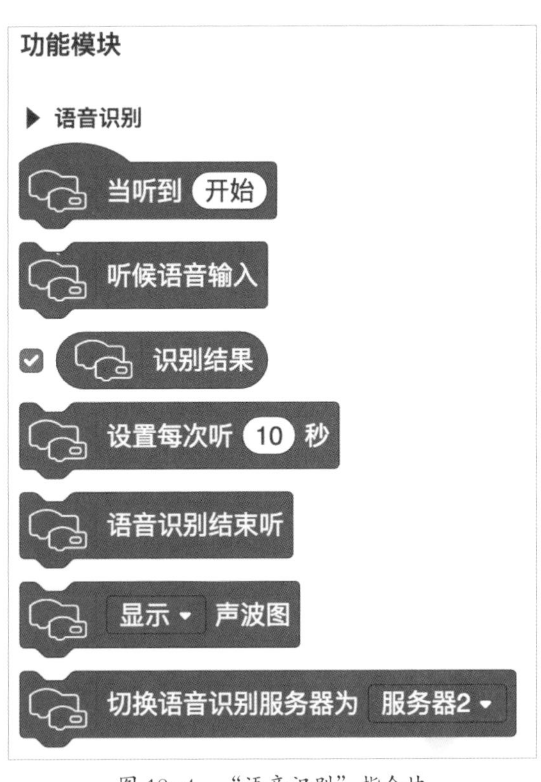

图 18–4　“语音识别”指令块

银角大王站在石头上，通过播放录音加上文字说明的方式与悟空对话。等悟空回应后，银角大王再用同样的方式（录音的内容与文字相同，本课后述相同功能的脚本也是如此处理，将不再赘述）喊悟空的名字。根据语音的长短设置每次听的时间，然后听候语音输入，如图 18–5 所示。

图 18–5 翻译指定文本为相应的语言

3 给“悟空”角色编写脚本

初始化“悟空”角色的位置、造型及大小。由于在作品的最后，悟空被紫金葫芦吸入而不见了，所以在程序初始化时，“悟空”角色要先显示，脚本如图 18–6 所示。

图 18-6 初始化“悟空”角色

当“悟空”角色收到“银角大王”角色发来的“悟空回话”广播时，播放录音并显示文字表示悟空愿意接受这个挑战。然后通过广播通知“紫金葫芦”角色做好“放葫芦”的准备，如图 18-7 所示。

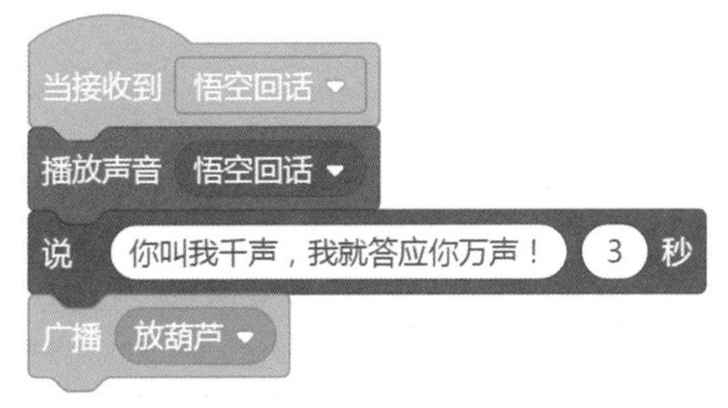

图 18-7 悟空回话的脚本

当语音识别到“啊”这个关键字时，“悟空”角色切换造型并滑行至紫金葫芦所在位置，然后消失，这意味着悟空被紫金葫芦吸进去了。这时通过广播通知“紫金葫芦”角色做好“收葫芦”的准备，如图 18-8 所示。

图 18-8 悟空被紫金葫芦吸进去的脚本

在这个过程中，通过不断减小“悟空”角色的“大小”值，让悟空在被紫金葫芦吸进去的过程中边移动边缩小，使效果更逼真，如图 18-9 所示。

图 18-9 “悟空”角色边移动边缩小

4 给“紫金葫芦”角色编写脚本

打开“紫金葫芦”角色的造型面板，复制一个新的造型“紫金葫芦 2”，选择直线工具画出几条黄色的线条，模拟紫金葫芦发光时的效果，如图 18-10 所示。

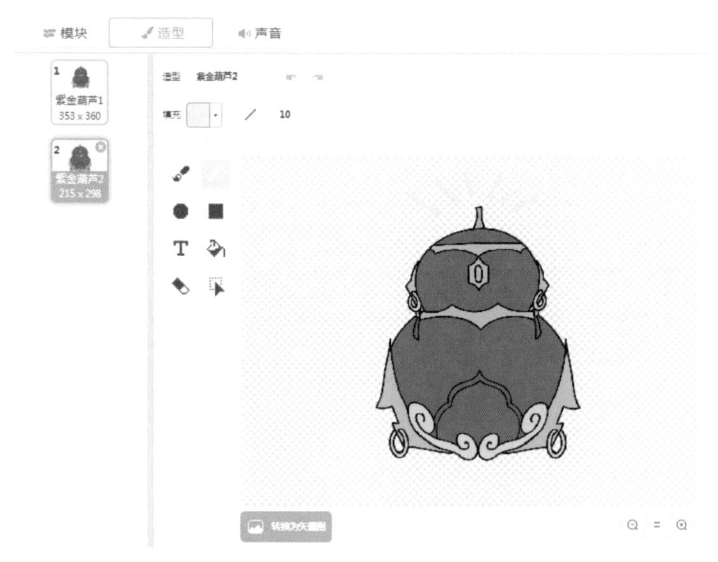

图 18-10 添加角色造型

程序开始执行时，先设置“碗”角色的初始造型、位置及面向方向，如图18-11所示。

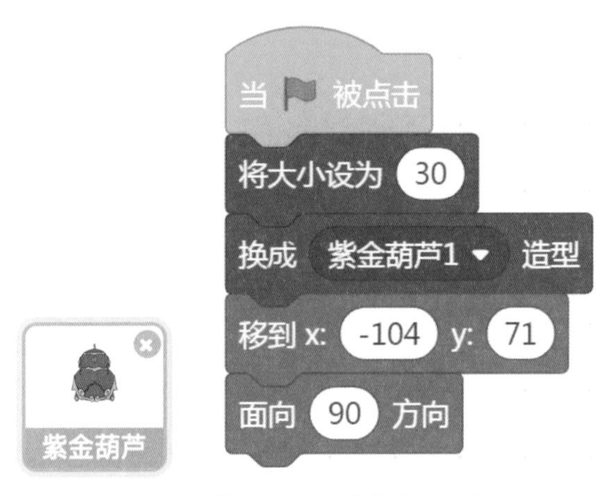

图18-11 角色的初始化

当接收到“悟空”角色发来的“放葫芦”广播后，“紫金葫芦”角色上移至银角大王的头顶并旋转一定的角度使葫芦口面向悟空方向，然后切换造型，改变颜色以达到发光特效，如图18-12所示。

图18-12 紫金葫芦收到“放葫芦”广播时的脚本

当接收到“悟空”角色发来的“收葫芦”广播后，“紫金葫芦”角色切换为原来的造型，反方向旋转相同的角度使葫芦口恢复到原来的样子，并移至初始的位置，如图 18–13 所示。

图 18–13 紫金葫芦收到“收葫芦”广播时的脚本

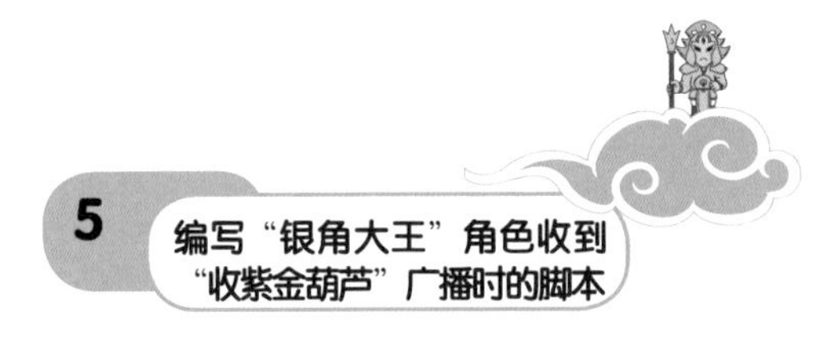

银角大王用紫金葫芦收了悟空后非常开心，哈哈大笑，如图 18–14 所示。

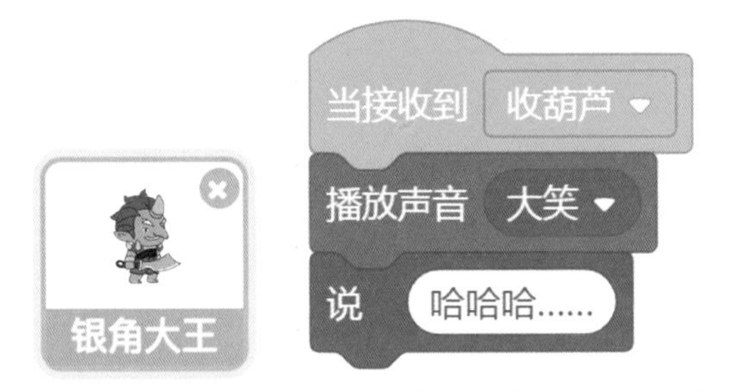

图 18–14 银角大王收到“收紫金葫芦”广播时的脚本

机灵的悟空设法逃出来后，偷走了银角大王的法宝，并给银角大王留了一个假的紫金葫芦。设想一番，当两人互相喊话，又会发生怎样有趣的故事呢？试着编写脚本去实现这个故事情景吧。

这日，师父唐僧被妖怪抓走了，徒弟三人前去解救，怎奈妖怪手中的法宝了得，三人合力仍未能成功救出师父。无奈，悟空只好前去天宫搬救兵。可是天宫中正在闹瘟疫，想要进去可不是件简单的事儿。那么，悟空最终通过检测顺利进入天宫了吗？

第十九课　天宫搬救兵

1 故事发展思维导图

我们先来梳理一下本课故事发展的线索：悟空先按下门铃，守卫机器人出来迎接，询问来者何人；然后，悟空自我介绍一番后说明来意，守卫机器人也向悟空说明了天宫中正在闹瘟疫，悟空若想要进去，不仅需要佩戴口罩，还需要答对防护知识的问题；开启摄像头，用图像识别功能检测摄像头前的悟空是否戴了口罩；如果侦测结果是“否”，悟空就不能进去；如果侦测结果是“是”，系统出示防护相关问题，如果悟空答对，被允许进入，如果悟空答错，就不能进入。故事发展的思维导图整理如下：

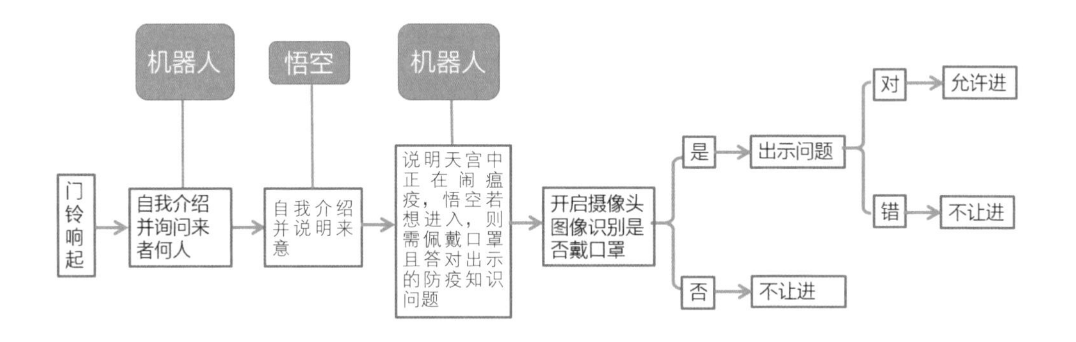

我们将根据上面的思维导图，按照事件的发展，逐一编写各个角色的脚本。

选择舞台背景及角色

分别从本地文件夹中上传舞台背景及“悟空”“口罩”角色，这里的“口罩”角色也可以在角色造型中自己绘制，如图 19-1 所示。

图 19-1　导入舞台背景及角色

天宫中正在闹瘟疫，机器人工作时需要戴上口罩。在矢量图模式下选中并复制“口罩”角色造型，分别粘贴到“Mind+ 机器人”角色的每一个造型中，并调整位置和大小，如图 19–2、图 19–3 所示。

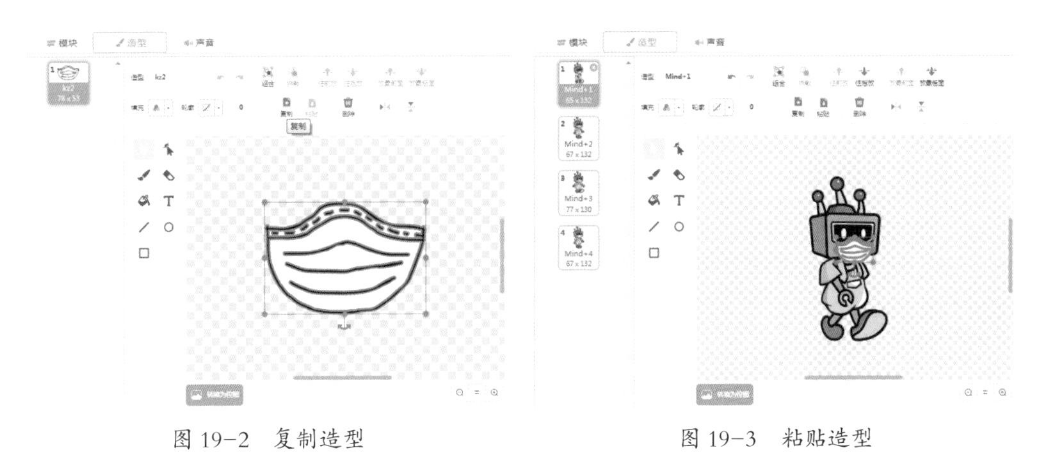

图 19–2　复制造型　　　　图 19–3　粘贴造型

“悟空”角色有三个造型，分别是“悟空（张嘴）”“悟空（闭嘴）”和“悟空（戴口罩）”，如图 19–4 所示。

图 19–4　“悟空”角色的三个造型

角色造型都设置完成以后，“口罩”角色隐藏，如图 19–5 所示。

图 19-5 “口罩”角色隐藏

先初始化“Mind+ 机器人”角色的当前位置，然后重复移动一定次数，正好走到悟空面前准备询问，脚本如图 19-6 所示。

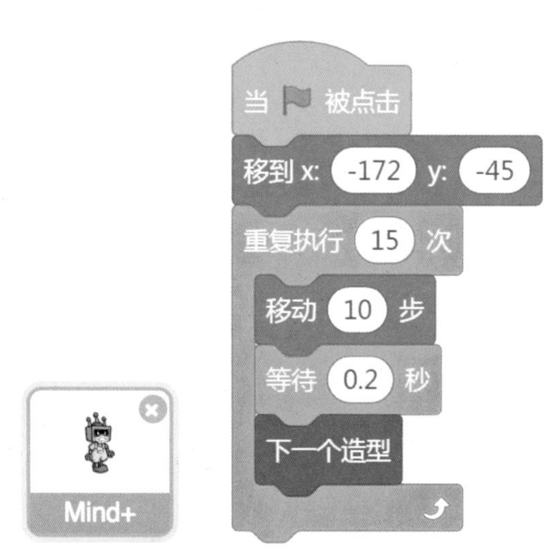

图 19-6 “Mind+ 机器人”角色初始化并移动

机器人听到门铃声后，过来询问悟空是什么人，来此有何事。这里要用到 Mind+ 功能模块中的“文字朗读”功能，并在舞台上显示相同的文字内容。机器人说完以后，通过广播“悟空说”来通知悟空回答。空的“说”积木是用来擦除前面显示的文字，如图 19-7 所示。

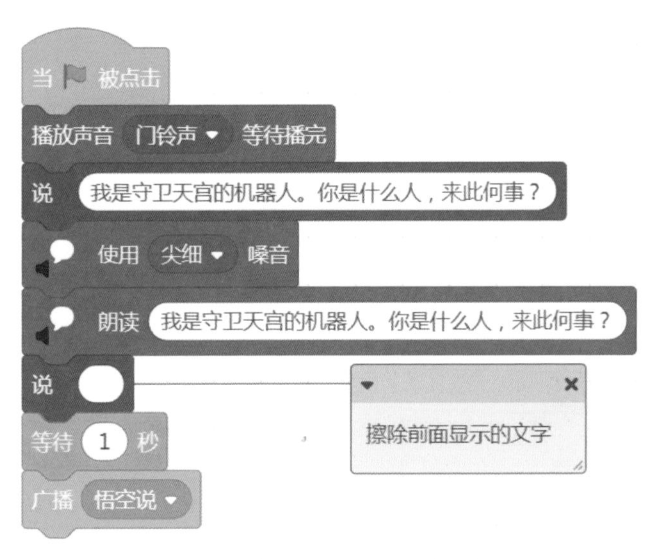

图 19-7 机器人询问悟空的脚本

“悟空”角色先初始化位置、大小和造型，如图 19-8 所示。

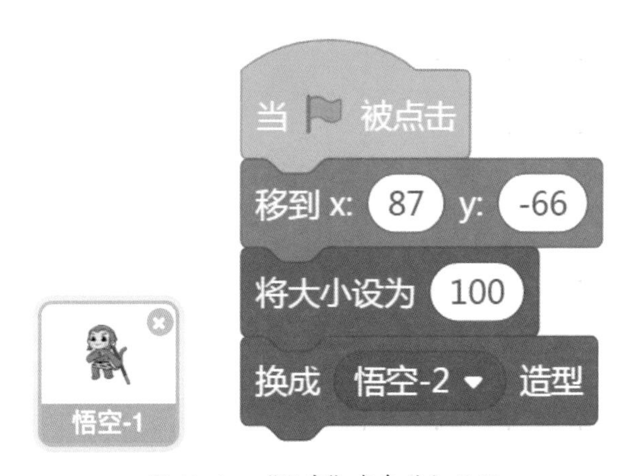

图 19-8 “悟空”角色的初始化

接收到机器人发过来的广播后，悟空用语音加文字回复了机器人的问话。等轮到机器人说话时，悟空发送广播“机器人说”通知机器人，脚本如图 19-9 所示。

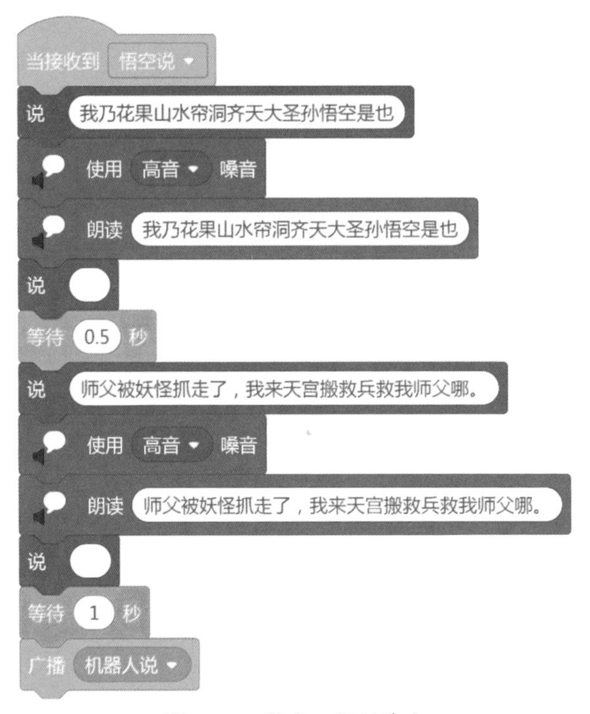

图 19-9　悟空回话的脚本

悟空在回话的同时切换造型，嘴巴一张一合，模拟说话时的场景，如图 19-10 所示。

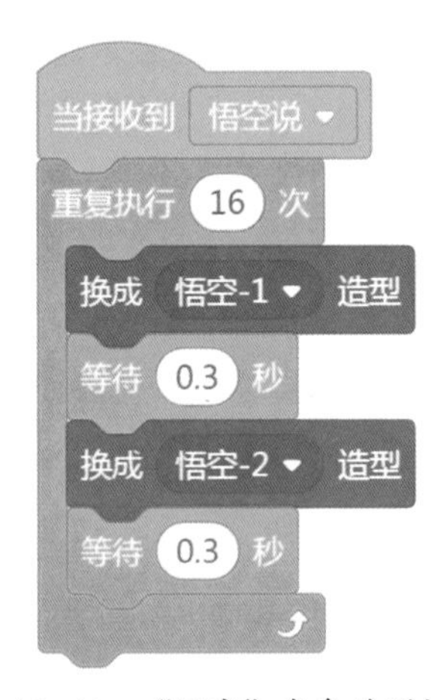

图 19-10　“悟空”角色造型切换

机器人收到悟空发回的广播后，通过语音及文字告诉悟空必须戴上口罩并正确回答防护知识的相关问题后才能进入天宫，然后发送广播“验证身份”来检测悟空是否满足条件，脚本如图 19-11 所示。

```
当接收到 机器人说
说 天宫正闹瘟疫，戴上口罩，防护知识回答正确才能进入。
使用 尖细 嗓音
朗读 天宫正闹瘟疫，戴上口罩，防护知识回答正确才能进入。
说
等待 1 秒
广播 验证身份
```

图 19-11　机器人回复脚本

4 编写验证悟空身份的脚本

接收到“验证身份”广播后，可以通过扩展“网络服务”中“AI 图像识别”功能来侦测摄像头前的悟空是否戴了口罩。若判断结果为“戴了口罩”，则通过广播“戴口罩”告诉“悟空”角色切换成戴口罩的造型，语音播放戴口罩的作用后进入“回答问题”环节；若判断结果为“没戴口罩”，则告诉悟空不能进入。为了烘托气氛，这里可以加上适当的音效声，脚本如图 19-12 所示。

```
当接收到 验证身份
使用 弹窗 显示摄像头画面
开启 摄像头
如果 识别图中 从摄像头画面截取图片 包含的 图像主体 包含 口罩 ? 那么执行
    广播 戴口罩
    等待 1 秒
    播放声音 胜利 等待播完
    说 口罩可以过滤进入口鼻的空气，阻挡有害气体
    使用 尖细 嗓音
    朗读 口罩可以过滤进入口鼻的空气，阻挡有害气体
    说
    等待 1 秒
    广播 回答问题
否则
    播放声音 咚咚当 等待播完
    说 大圣，你没戴口罩，不能进入
    使用 尖细 嗓音
    朗读 大圣，你没戴口罩，不能进入
    说
```

图 19-12　验证身份的脚本

回答问题的环节是通过扩展“功能模块”中的“语音识别”来实现的。这里由屏幕前的你来代替悟空回答问题，注意要等声波图出来时再说话。若检测到的回答正确，则通过语音提醒并广播通知悟空可以进入，否则广播通知悟空不能进入，脚本如图 19–13 所示。

图 19–13 回答问题的脚本

当悟空收到“戴口罩”的广播后，切换成戴口罩的造型，如图 19–14 所示。

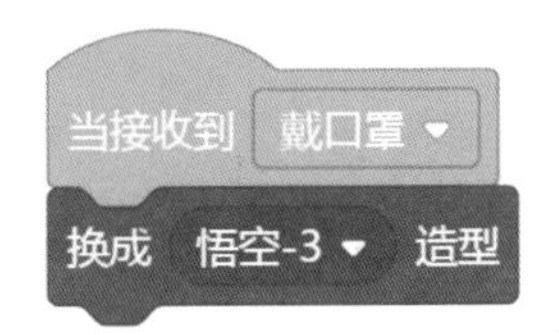

图 19-14 悟空切换成戴口罩的造型

当悟空收到"大圣进入"广播后，系统播放音效，同时悟空迂回滑行到天宫里后变小消失，如图 19-15、图 19-16 所示。

图 19-15 播放悟空进入天宫时的音效

图 19-16 悟空滑行至消失的脚本

6 拓展与提高

悟空进入天宫，究竟请到了哪位天神来当救兵呢？师父最终被救出来了吗？你可以发挥想象力，来继续编写这个西游小故事。

在去西天取经的路上，唐僧经常利用空闲时间教悟空学写字。唐僧先教悟空写自己及同行师弟几人的名字。这一天，在野外的草地上，师父要报听写，来考考悟空了……

第二十课　悟空学听写

1 模块化程序设计方法

模块化程序设计是指在进行程序设计时，将一个大程序按照功能划分为若干个能实现某项确定功能的小程序模块，并在这些模块之间建立必要的联系，然后通过模块的互相协作完成整个功能的程序设计方法。

分析“悟空听写”的任务，并将该任务逐步分解，细化成下列几个子任务。

建立词库　随机读词　等待书写　判断正误　听写结束

我们可以使用“函数”模块中的“自定义模块”，将上述的子任务封装成专属模块，方便后续直接调用。

分别从本地文件夹中上传舞台背景及“悟空”“唐僧”角色，并调整好位置，如图 20–1 所示。

图 20–1　上传舞台背景及角色

用“列表”的方式来创建词库，既方便词语的添加和删除，也方便词语的读取，如图 20–2 所示。

图 20-2　“建立词库”自定义模块脚本

4 编写“随机读词”的自定义模块

在作品中，用 朗读 词库 的第 项 组合指令来实现语音朗读词库中的词语。选择扩展模块，添加“文字朗读”功能。

要实现随机读词语，需要设置一个随机的列表项目序号。通过添加变量“题号”来存放 1 和“词库的项目数”之间取出的随机数 设置 题号 的值为 在 1 和 词库 的项目数 之间取随机数 。

为了让悟空能清楚地听到报听词语，设置每次播报词语两遍，间隔 1 秒。“随机读词”自定义模块的脚本如图 20-3 所示。

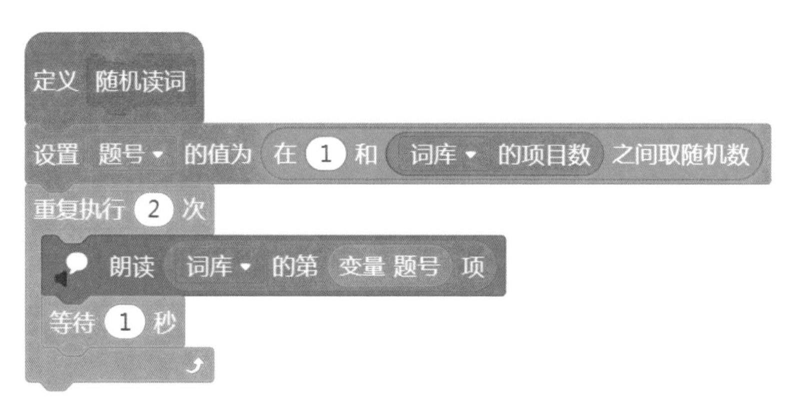

图 20-3　“随机读词”自定义模块的脚本

设置提示语及提示音乐，提示悟空开始书写及提交书写，脚本如图 20-4 所示。

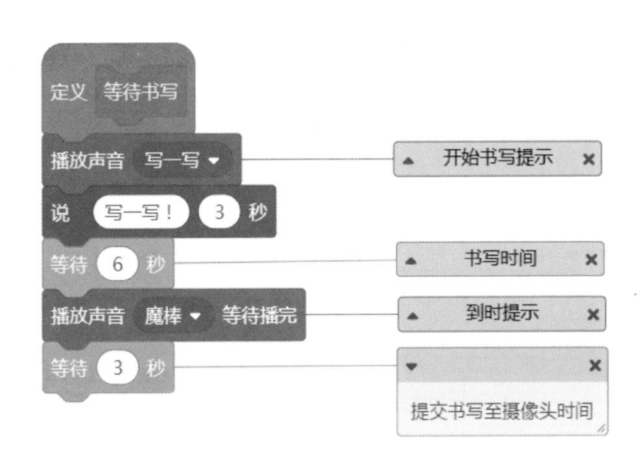

图 20-4 “等待书写”自定义模块的脚本

通过“AI 图像识别功能”中的“识别手写字”功能，对悟空提交的书写内容进行识别，使用前需要先选择扩展模块“网络服务”里的“AI 图像识别”功能。“图像识别功能”调用的是百度 AI 服务器中的“手写字”识别功能，脚本如图 20-5 所示。

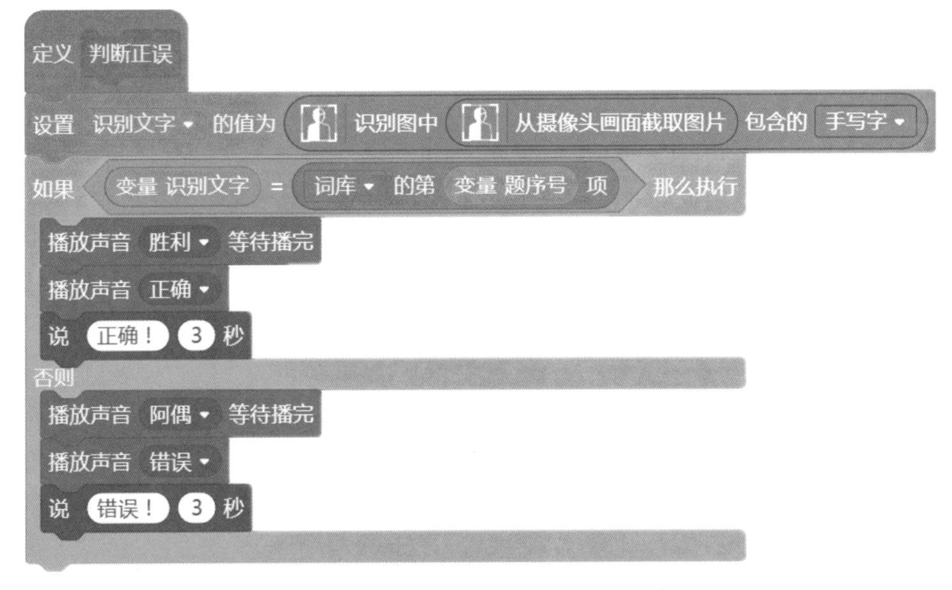

图 20-5 “判断正误”自定义模块的脚本

为了让使用者清楚地看到手写字识别的结果，可以新建一个变量“识别结果”，用来放置识别的手写字结果 变量 识别结果 = 词库 的第 变量 题号 项 。勾选该变量，让其在舞台上显示。这样处理的好处是判断运算符不会过长，易于阅读。

7 编写“听写结束”自定义模块的脚本

播放提醒结束的声音，提示听写结束，关闭摄像头，如图 20–6 所示。

图 20–6 “听写结束”自定义模块脚本

8 完成主程序编写

首先完成相关指令功能和程序初始化操作，如变量赋值、嗓音选择、编写游戏开场提示、开启摄像头等，如图 20–7 所示。

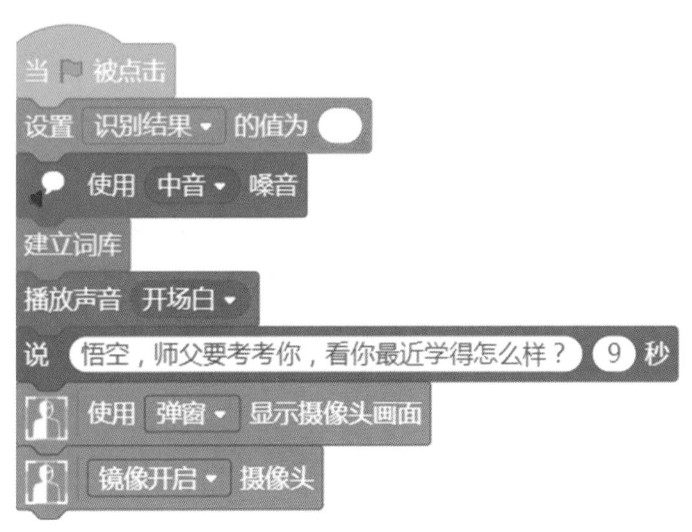

图 20-7 主程序初始化的脚本

程序开始时，先将“识别结果”赋值为空，不显示任何内容。

在 Mind+ 中，摄像头有两种开启方式，开启和镜像开启。

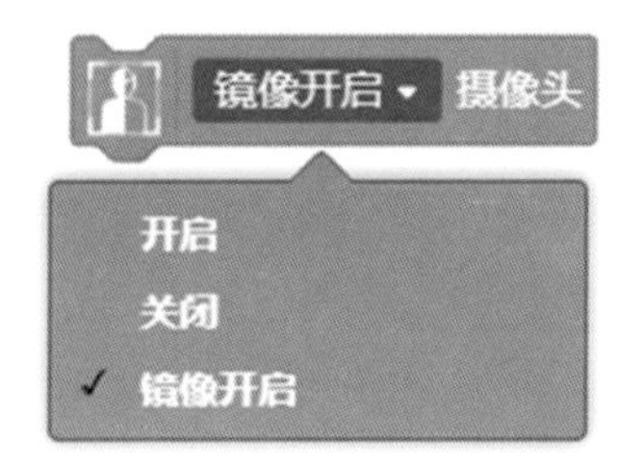

如图 20-8 所示，是两种开启方式的对比，请根据需要进行选择。

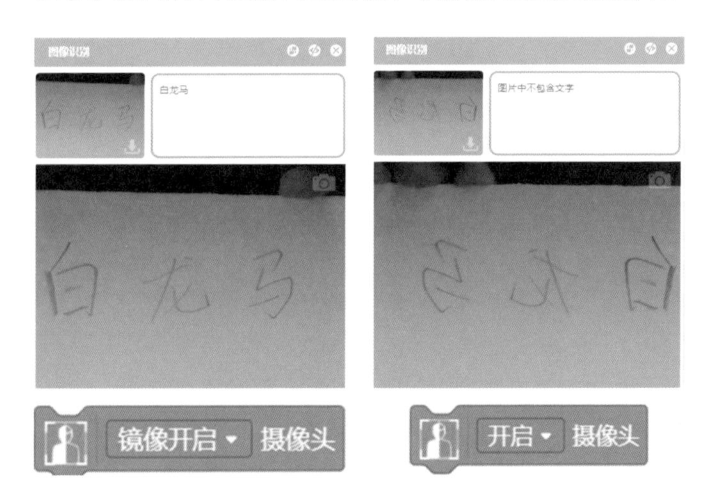

图 20-8 两种开启摄像头方式的对比

每完成一个词语的听写判断过程，就删除词库列表中对应的选项，这样可避免下次随机播报时，该词语被再次选中，造成重复播报。每删除一次，词库的项目数减 1。“随机读词”“等待书写”“判断正误”指令块将重复执行下去，直到所有词语报听写完，即词库的项目数为 0 时。主程序的完整脚本如图 20-9 所示。

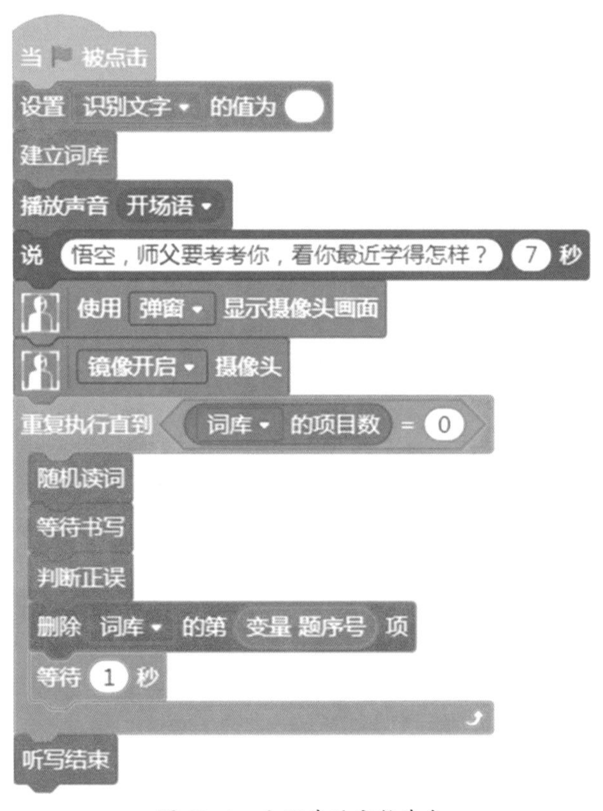

图 20-9　主程序的完整脚本

9 拓展与提高

1. 设计一个“错词库”，将悟空写错的词语记录下来，重报一遍。
2. 设计一个“计分”积木，使其根据总题数和答对题数，计算悟空的听写成绩。

结　尾

小朋友，“西游小创客”好玩吗?

唐僧师徒西天取经的道路漫长而遥远，一路上发生着各种有趣的故事，但也常常有妖怪阻挠他们前行，谢谢你的一路陪伴和保驾护航，陪伴他们走到了这里。在这一路上，看西游、玩西游、创西游，回想自己做过的作品，哪几课让你印象最深刻呢?

学习就像取经，常常会有很多诱惑让你懈怠，会有很多困难让你后退。然而，正如唐僧师徒的取经路，虽然经历坎坷，但只要披荆斩棘，走到最后的时候，你会发现，原来自己学会了这么多本领!

别放弃，“西游小创客”也会一直陪伴你!

下面，看看我们给你准备的彩蛋吧。

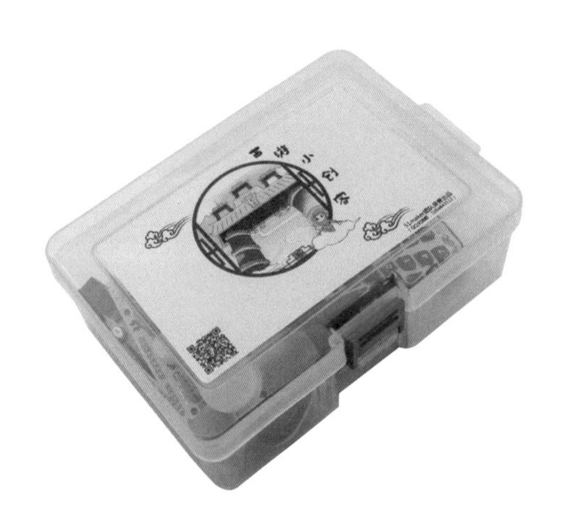

“西游小创客”又出套件了!

这块西游扩展板板载：光敏、旋钮、声音等模拟传感器;LED 灯、按钮、红外接收、温度湿度、蜂鸣器、MP3 等数字传感器；用于外接风扇、舵机、震动马达等数字传感器的数字（D5）扩展端口；用于外接 Mini 摇杆模块等模拟传感器的模拟（A3）扩展端口；可接超声波传感器的 IIC（G–V–6–7）扩展端口；可接 OLED 显示屏的 IIC（G–V–D–C）扩展端口。有了这个法宝，你就可以用它和西游故事中的角色虚实互动，实现更有趣的创意了。

更多精彩，请关注 51maker 公众号。

精彩的西游故事，好玩的西游套件，51maker 带你去西游，启程吧!

责任编辑　王旭霞
装帧设计　巢倩慧
责任校对　朱晓波
责任印制　汪立峰

图书在版编目（CIP）数据

西游小创客 ：基于Scratch3.0的趣味编程故事20例 / 刘金鹏主编 . -- 杭州 ：浙江摄影出版社，2020.10
ISBN 978-7-5514-3060-9

Ⅰ. ①西… Ⅱ. ①刘… Ⅲ. ①程序设计—少儿读物 Ⅳ. ①TP311.1-49

中国版本图书馆CIP数据核字（2020）第186476号

XIYOU XIAO CHUANGKE JIYU SCRATCH3.0 DE QUWEI BIANCHENG GUSHI 20 LI
西游小创客：基于Scratch3.0的趣味编程故事20例

刘金鹏　主编

全国百佳图书出版单位
浙江摄影出版社出版发行
地址：杭州市体育场路347号
邮编：310006
网址：www.photo.zjcb.com
电话：0571-85151082
制版：浙江新华图文制作有限公司
印刷：浙江兴发印务有限公司
开本：710mm×1000mm　1/16
印张：11.25
2020年10月第1版　2020年10月第1次印刷
ISBN 978-7-5514-3060-9
定价：45.00元